MIX
Papier aus verantwortungsvollen Quellen
Paper from responsible sources
FSC® C105338

Gennadij Baranov

Concepts of astronomy

Концепции астрономии
Учебник

Anchor Academic
Publishing

Baranov, Gennadij: Concepts of astronomy (Концепции астрономии: Учебник)
Hamburg, Anchor Academic Publishing 2014

Buch-ISBN: 978-3-95489-289-1
PDF-eBook-ISBN: 978-3-95489-789-6
Druck/Herstellung: Anchor Academic Publishing, Hamburg, 2014
Coverbild: pixabay.com

Bibliografische Information der Deutschen Nationalbibliothek:
Die Deutsche Nationalbibliothek verzeichnet diese Publikation in der Deutschen
Nationalbibliografie; detaillierte bibliografische Daten sind im Internet über
http://dnb.d-nb.de abrufbar.

Bibliographical Information of the German National Library:
The German National Library lists this publication in the German National Bibliography.
Detailed bibliographic data can be found at: http://dnb.d-nb.de

All rights reserved. This publication may not be reproduced, stored in a retrieval system
or transmitted, in any form or by any means, electronic, mechanical, photocopying,
recording or otherwise, without the prior permission of the publishers.

Das Werk einschließlich aller seiner Teile ist urheberrechtlich geschützt. Jede Verwertung
außerhalb der Grenzen des Urheberrechtsgesetzes ist ohne Zustimmung des Verlages
unzulässig und strafbar. Dies gilt insbesondere für Vervielfältigungen, Übersetzungen,
Mikroverfilmungen und die Einspeicherung und Bearbeitung in elektronischen Systemen.

Die Wiedergabe von Gebrauchsnamen, Handelsnamen, Warenbezeichnungen usw. in
diesem Werk berechtigt auch ohne besondere Kennzeichnung nicht zu der Annahme,
dass solche Namen im Sinne der Warenzeichen- und Markenschutz-Gesetzgebung als frei
zu betrachten wären und daher von jedermann benutzt werden dürften.

Die Informationen in diesem Werk wurden mit Sorgfalt erarbeitet. Dennoch können
Fehler nicht vollständig ausgeschlossen werden und die Diplomica Verlag GmbH, die
Autoren oder Übersetzer übernehmen keine juristische Verantwortung oder irgendeine
Haftung für evtl. verbliebene fehlerhafte Angaben und deren Folgen.

Alle Rechte vorbehalten

© Anchor Academic Publishing, Imprint der Diplomica Verlag GmbH
Hermannstal 119k, 22119 Hamburg
http://www.diplomica-verlag.de, Hamburg 2014
Printed in Germany

СОДЕРЖАНИЕ

Предисловие	3
АСТРОНОМИЧЕСКИЕ НАУКИ В ПОЗНАНИИ ПРИРОДЫ	4
Общая характеристика астрономических наук	4
Структуры космоса	8
Методы астрономических наук	11
Стандартные системы измерений в астрономии	14
Состояния вещества Вселенной	20
Телескопия в астрономии	22
Космические летательные аппараты в астрономии	29
ПРОБЛЕМАТИКА И КОНЦЕПЦИИ АСТРОМЕ́ТРИИ	43
Общая характеристика астроме́трии	43
Концепции инерциальной системы координат в астрометрии	46
Концепции фундаментальных астрономических постоянных	50
Концепции стандартной опорной системы координат	51
Концепции фундаментальной земной системы координат	53
Концепции параметров ориентации и вращения Земли	55
Концепции астрономического времени в астроме́трии	58
ПРОБЛЕМАТИКА И КОНЦЕПЦИИ АСТРОФИЗИКИ	59
Общая характеристика астрофизики	59
Концепции астрофизики галактик	63
Концепции астрофизики звёзд	70
Концепции астрофизики планет	86
Концепции астрофизики Солнца	90
ПРОБЛЕМАТИКА И КОНЦЕПЦИИ КОСМОГОНИИ	96
Концепции космогонии планет	96
Концепции звёздной космогонии	98
ПРОБЛЕМАТИКА И КОНЦЕПЦИИ КОСМОЛОГИИ	103
Общая характеристика космологии	103
Аксиомы космологии	105
Космологические концепции (модели)	109

Стандартная космологическая концепция (модель) ... 115
Концепции параметров наблюдаемой Вселенной ... 118
ПРОБЛЕМАТИКА И КОНЦЕПЦИИ НЕБЕСНОЙ МЕХАНИКИ ... 123
Общая характеристика небесной механики ... 123
Концепции определения орбит небесных тел ... 126
Концепции гравитационно-зависимых тел ... 129
Концепции возмущённых движений небесных тел ... 131
Концепции покрытия светил, затмений Солнца и Луны ... 135
Концепции масс, размеров, расстояний и форм небесных тел ... 138
Концепции движения искусственных сателлитов ... 147
Концепции вычисления эфемерид ... 155
ПРОБЛЕМАТИКА И КОНЦЕПЦИИ СФЕРИЧЕСКОЙ АСТРОНОМИИ ... 156
Общая характеристика сферической астрономии ... 156
Понятия и методы сферической астрономии ... 158
Концепции пространственного размещения созвездий ... 164
Проблема времени в сферической астрономии ... 166
Концепции измерения суточного интервала времени ... 167
Концепции суточного времени ... 172
Концепции измерения месячного интервала времени ... 175
Концепции измерения годового интервала времени ... 177
Концепции счёта календарных интервалов времени ... 178
Концепции профессиональных систем счёта времени ... 184
ХРОНОЛОГИЯ ФАКТОВ ИСТОРИИ АСТРОНОМИИ ... 188
ПРИЛОЖЕНИЯ ... 210
БИБЛИОГРАФИЧЕСКИЙ СПИСОК ... 213

ПРЕДИСЛОВИЕ

В издании представлена характеристика основных результатов, полученных в Новейшее время (20 в.-начало 21 в.) специалистами астрономических наук. Характеристика достижений и проблематики современных наук о космосе и о нашей планете как объекте космоса производится в тексте на уровне изложения концептуального содержания информации. Астрономическое познание концептуально по причинам ограниченности чувственно-сенсорных и интеллектуальных возможностей человека к познанию и вещественно-пóлевому изменению объектов космического бытия.

Астрономическое познание прогрессирует в зависимости от прогресса научной техники наблюдений за объектами космоса. Технический прогресс XX в. обеспечил актуальность цивилизационных критериев традиционного астрономического познания. Основным фактором совершенствования астрономии и превращения астрономического познания в систему астрономических наук со второй половины XX в. является необходимость глобализации человечества. Глобализация человечества реализуется, в частности, средствами оптимальной передачи информации и знаний единичным потребителям по каналам передачи сигналов с использованием системы космических летательных аппаратов.

Освоение космоса техническими средствами закономерно сопровождается напряжённой интеллектуальной деятельностью специалистов физических, химических, математических наук. Результаты интеллектуальной деятельности учёных оформляются системами идеальных знаний и вещественных изобретений. Знания и изобретения, созданные специалистами фундаментальных естественных наук, получают прикладное применение методами и средствами технических наук.

В глобальном множестве промышленной деятельности человечества и отдельных субъектов хозяйствования знания и изобретения материализуются в предметах потребления, в том числе, в объектах научной астрономической техники. До 90% современной наблюдательной астрономической информации создаётся беспилотными космическими летательными аппаратами.

В содержании книги раскрывается проблематика и концепции признанных научным сообществом астрономических специализаций (наук). Цель монографии заключается в систематизации основных достижений наук об объектах космоса в форме, доступной для понимания обучающихся в учебных заведениях образования, а также лицам, занятым самообразованием.

АСТРОНОМИЧЕСКИЕ НАУКИ В ПОЗНАНИИ ПРИРОДЫ
Общая характеристика астрономических наук

Астрономические науки, или в абстрактном обобщении – астрономия – множество естественных наук о физических и химических свойствах состояний и закономерностях изменений объектов космоса и планеты Земля как одного из объектов Солнечной системы. Космосом в научном естествознании называется часть природы, состоящая из вещественных энергетических и физических пóлевых объектов, расположенных за пределами 75-100 км от уровня поверхности планеты Земля в пределах Вселенной.

Так как исследования всякого рода объектов космоса соотносимы с условным наблюдателем, находящимся на Земле, то наша планета включена в систему астрономического познания как одно из небесных тел, а также в качестве средства (условия) астрономического познания. Планета Земля в качестве астрономического объекта познаётся специалистами в качестве элемента космоса Солнечной планетной системы и космоса галактики Млечный Путь.

Одна из специализаций астрофизических наук – астрофизика Земли – исследует нашу планету как часть Солнечной планетной системы и дополняет новой информацией множество наук о Земле, которые образуют самостоятельную подсистему (область) профессионального естествознания.

Предельно абстрактно и художественно образно астрономию называют наукой о Вселенной, имея в виду факт исследования учёными небесных объектов, находящихся в пределах суперобъекта естествознания и науки в целом – Вселенной. Линейные размеры Вселенной, познанные методами современной оптической телескопии, оцениваются величиной в 5×10^{21} км. Размеры Вселенной, познанные методами современной радиотелескопии, оцениваются величиной вдвое большей, или 10^{43} км. Масса Вселенной со-ставляет 10^{51} кг [9, с. 101]. Время существования Вселенной, по расчётам астрофизиков НАСА США, обоснованных в 2006-2007 гг., оценивается в пределах 13,7 млрд. лет.

Для ограниченного человеческого существования такого класса размеры и величины являются физически непреодолимыми и оцениваются бесконечностью. Для мировоззренческого познания использование слова «Вселенная» при обобщении содержания и значения астрономических наук является синонимом неопределённости (хаоса) человеческих знаний и возможностей по причине бесконечности природы. Для специалистов астрономических наук мировоззренческие рассуждения не являются предметом экспериментов и измерений конкретных объектов и состояний космоса.

По этой причине Вселенная в астрономическом познании выступает как объект познания одной из астрономических наук – космологии. Иные астрономические науки познают не Вселенную, но конкретные объекты космоса, или частей Вселенной – планеты, звезды, галактики, движения небесных тел и иные состояния (объекты) природы за пределами 75-100 км от уровня поверхности Земли.

По критерию специфики методов и объектов познания современная астрономия разделена специалистами на астрономические науки, или специализации: астроме́трия; астрофизика; космология; космогония; небесная механика; сферическая астрономия; эфемеридная астрономия.

Профессиональная классификация астрономических наук представлена в новом варианте номенклатуры специальностей научных работников Российской Федерации, действующей в России с 1 января 2010 г. По критерию «номенклатурная специальность» функционируют следующие астрономические науки: астроме́трия и небесная механика; астрофизика и звёздная астрономия; физика Солнца; планетные исследования [20].

Исторически впервые астрономическое познание начинается в форме систематических наблюдений за небесными светящимися объектами, названными в европейской культуре «небесные светила». Первые, предметно выраженные факты наблюдений за звёздами, сохранённые для современности, установлены археологами в форме изображений созвездий на костях животных эпохи неолита. Даты первых астрономических знаний человечества оцениваются специалистами с вероятностью от 9-ого тысячелетия до новой эры по 5500-летие до новой эры.

В 3-м тысячелетии до новой эры специалисты-учёные, проживающие на территории цивилизаций Древнего Вавилона, Древней Индии, Древнего Китая и Древнего Египта, начинают регулярные наблюдения за небесными светилами. В этот период анонимными авторами создаётся исторически первый лунный календарь в цивилизации Месопотамия.

Современная астрономия создана учёными 20 века. Для координации исследований астрономов человечества, официального признания астрономических открытий, достижения однозначности номенклатуры и названий астрономических объектов, планирования прогресса астрономических наук в 1919 г. создаётся международная организация – Международный астрономический союз (МАС, по-английски – IAU). МАС состоит из государств-членов, представляемых национальными академиями или иными государственными учреждениями, а также из отдельных профессионалов астрономии.

МАС к 2013 г. включает 73 государства и 10886 индивидуальных членов, в том числе, СССР и Россия в составе МАС с 1935 г. С периодичностью через три года проводится Генеральные ассамблеи МАС (IAU), решения которых имеют статус обязательных для специалистов астрономических наук. Центральные органы МАС (IAU) находятся в столице Бельгии г. Брюссель. Текущая организационная работа проводится комиссиями МАС и рабочими группами МАС.

МАС (IAU) является высшей международной инстанцией по проблемам официальных решений, требующих сотрудничества и стандартизации астрономических достижений и организации научной деятельности на территориях государств человечества. В частности, официальное наименование астрономических объектов и их частей является предметом согласований комиссий МАС и рабочих групп МАС, решений Генеральной ассмблении. МАС (IAU) организует проведение астрономических наблюдений в государствах, а также проведение симпозиумов и коллоквиумов специалистов астрономии.

Во Франции в г. Страсбурге расположен Международный центр астрономических данных, концентрирующий всю информацию в области астрономических исследований и предлагающий её всем заинтересованным лицам через компьютерную систему «Интернет».

Новейшие результаты астрономического познания содержатся в публикациях периодического журнального издания «Астрономический ежегодник», издающегося с 15 века, в том числе: в России – с 1921 г., во Франции – с 1678 г., в Германии – с 1776 г., в Великобритании – с 1767 г., в США – с 1855 г. Всего к настоящему времени функционирует несколько десятков астрономических периодических журналов, издаваемых в государствах человечества.

Организацию астрономического познания в отдельных государствах обеспечивают национальные государственные академии, государственные научные сообщества учёных, негосударственные общественные организации астрономов-любителей. Например, в России с 1932 г. функционирует Всероссийское астрономо-геодезическое общество (ВАГО). К настоящему времени более 100 астрономических обществ государств человечества объединяют деятельность профессионалов и дилетантов астрономического познания.

Показателем общественного значения астрономических наук было решение 62-й сессии Генеральной Ассамблеи Организации Объединённых Наций (ООН) об объявлении 2009 г. Международным годом астрономии (МГА-2009; IYA 2009). Инициаторами мероприятия выступили Международный астрономический союз и ЮНЕСКО. Девиз (слоган) МГА-2009 – «Вселенная – для Вас» («The Universe, Yours to Discover»).

МГА-2009 был связан с 400-летним юбилеем официально признанной даты – в 1609 году астроном, физик и популяризатор естествознания из Италии Галилео Галилей впервые использовал телескоп для наблюдения за планетами Солнечной системы. По проекту МГА-2009 были осуществлены значительные по содержанию научные, научно-популярные и образовательные мероприятия, демонстрирующие уникальные достижения астрономических наук и цивилизационную функцию современной астрономии.

Множества наблюдаемых и теоретически исследуемых объектов астрономических наук: планеты; звёзды; планетные системы; межпланетное вещество; галактики; метагалактики – скопления галактик; Вселенная, искусственные спутники небесных тел, сателлиты; космические электромагнитные излучения; иное.

Специалистами астрономических и физических наук обсуждаются проблемы гипотетических астрономических объектов. Множество гипотетических объектов космоса составляют ненаблюдаемые современными средствами научного познания звёзды, галактики, сателлиты, уникальные состояния Вселенной.

Например, гипотетическими объектами-звёздами являются бозонная звезда, железная звезда, кварковая звезда, кварковая новая звезда, звезда «Немезида», преонная звезда, экзотическая звезда. В Солнечной планетной системе предполагается открытие гипотетических естественных сателлитов и «колец» Земли, сателлитов Меркурия и Венеры, планеты «пятый газовый гигант», сателлита «Фемида».

В космосе галактик и Вселенной специалисты ожидают открытие следующих объектов: антимир, «белая дыра», комета из антивещества, космическая струна, межзвёздная комета, планковская чёрная дыра, «пузырь Хаббла», сверхгалактика, «сфера Дайсона», «тёмная галактика», «тёмное вещество», «тёмная энергия», «чёрная дыра» средней массы, а также иных объектов.

Предполагается, что антимир – это космический объект, в том числе, классов звезды или галактики, состоящий из антивещества. Гипотеза о существовании антивещества и антимиров предложена в 1933 г. лауреатом Нобелевской премии по физике из Великобритании П. Дираком. По современным данным электромагнитное излучение звёзд и антизвёзд тождественно, поэтому их нельзя отличить оптическими и радиоастрономическими методами. Имеется возможность применить методы нейтринной астрономии по обнаружению антинейтрино, однако существующая научная техника недостаточна для их обнаружения.

Имеются гипотезы о существования антимира как объектов антивещества в обычном пространстве и времени, а также о нахождении антимира за пределами реального физического, в том числе, «обратного» пространства и времени.

На основе достижений физики элементарных частиц и иных результатов физических наук в астрономии принят принцип **барионная асимметрия**. По критерию барионной асимметрии в наблюдаемой части Вселенной преобладает вещественное состояние природы, или вещество преобладает над антивеществом. По этой закономерности значительных по массе объектов космоса, состоящих из антивещества, не существует реально, но возможно гипотетически.

Пространственные масштабы разнородных объектов астрономии находятся в пределах от сотен километров у орбит искусственных спутников Земли до миллионов парсек, где представлены галактики и скопления галактик.

Учитывая, что три световых года составляют один парсек, а один световой год равен приблизительно 10^{13} км, размеры в миллионы парсек не могут быть соизмеримы с рецепторными сенсорными познавательными способностями человека. Ограниченность познавательных способностей человека является причиной вероятностного качества астрономических знаний об объектах космоса.

Структуры космоса

Космос – часть природы, вещественное энергетическое и физическое по́левое бытие за пределами 75-100 км от уровня поверхности планеты Земля. По критерию специфики астрономического познания объектов космоса и его технического освоения выделяются не менее двух множеств содержания (структур) космоса: множество «естественный космос»; множество «технический космос».

Множество «естественный космос» составляют космические объекты, функционирующие под действием (влиянием) гравитационно доминирующего тела (объекта). Множество естественного космоса составляют следующие части (структуры) космоса: околоземный космос; космос Солнечной системы; космос галактики Млечный Путь; космос галактик; космос Вселенной.

Ближний космос, или околоземное космическое пространство, или околоземный космос – небесные объекты и среда их существования в пределах их обращения вокруг планеты Земля на расстоянии от 75-100 км до

930 000 км от уровня земной поверхности под определяющим воздействием гравитационного поля Земли.

Космос Солнечной системы, или космос Солнечной планетной системы – небесные тела и физические по́ля, функционирующие и эволюционирующие под определяющим воздействием гравитационного поля Солнца.

Граница космоса Солнечной системы, или Солнечной планетной системы обозначается термином **«гелиосфера»**. Гелиосфера определяется вычислениями специалистов как предел гравитационного притяжения тел, обращающихся вокруг Солнца и удерживаемых силой гравитации Солнца в пределах своего действия.

Оценки расстояний до границы гелиосферы, или границы пространства Солнечной планетной системы различны в зависимости от критерия. Пределы космоса Солнечной планетной системы, в котором небесные объекты движутся вокруг Солнца под действием его гравитационного поля, составляет по критерию пространственной протяжённости около 250 тысяч астрономических единиц, или $250\,000 \times 149{,}6$ млн. км. Оценки расстояний до границы гелиосферы, или границы пространства Солнечной планетной системы различны в зависимости от критерия. По вычислениям к началу 2013 г. граница гелиосферы составляет 113-120 астрономических единиц (а. е.).

Космос галактики Млечный Путь – природные тела, физические по́ля и иные гипотетические или непознанные объекты природы, функционирующие и эволюционирующие в пределах пространства и времени существования и гравитационных сил ядра галактики Млечный Путь. В составе галактики Млечный Путь находятся Солнечная система и планета Земля. Размеры галактики Млечный Путь вычисляются величиной её звёздного диска и составляют 30 кпс (килопарсек).

Для человека такого класса величины абсолютно недостижимы техническими средствами и жизненным опытом. Для сравнения: 1 кпс (килопарсек) равен одной тысячи парсек, 1 парсек равен $3{,}0857 \times 10^{13}$ км.

Космос галактик, или космос галактик Вселенной, или космос Метагалактики – природные тела и физические по́ля, функционирующие и эволюционирующие в пределах пространства и времени существования и гравитационных сил галактик Вселенной. В составе множества галактик Вселенной находится галактика Млечный Путь. Размеры галактик Вселенной рассчитываются с высокой степенью вероятности индивидуально для каждой из исследуемых галактик.

Космос Вселенной – познанные и непознанные состояния природы в пределах суперъобъекта бытия – Вселенной. Линейные размеры Вселенной по методам оптической телескопии – 5×10^{21} км; по методам современной радиотелескопии – 10^{43} км.

Соотношение Земли с космосом галактики Млечный Путь, космосом галактик Вселенной и космосом Вселенной становится бессмысленным по причине ничтожности Земли. В астрономических исследованиях галактики Млечный Путь, галактик и иных высокоразмерных объектов Вселенной состояния космоса и Вселенной отождествляются некоторыми исследователями и популяризаторами науки.

Множество «технический космос» составляют объекты, выделяемые по критерию технических возможностей функционирования космических летательных аппаратов за пределами 75 км от уровня поверхности Земли и норм международных юридических законов. Множество технически осваиваемого человечеством космоса обозначается термином «космическое пространство».

Космическое пространство – часть природы на расстоянии от 75 км и более от уровня поверхности Земли, где осуществляется космическая деятельность человечества, регулируемая международным космическим правом. Космическое пространство состоит из частей (структур): околоземное космическое пространство; межпланетное космическое пространство; межзвёздное космическое пространство; межгалактическое космическое пространство.

Околоземное космическое пространство – часть природы, количественно равная расстоянию от 75 км до 930 000 км от уровня поверхности Земли в пределах определяющего действия на космический летательный аппарат (космический аппарат) гравитационного поля Земли по сравнению с действием на него сил тяготения Солнца и иных космических тел Солнечной системы.

Межпланетное космическое пространство – часть природы в пределах Солнечной системы, где на космический летательный аппарат действуют силы тяготения планет Солнечной системы, исключая определяющее влияние гравитации Земли.

Межзвёздное космическое пространство – часть природы за пределами Солнечной системы в пределах галактики Млечный Путь, где на космический летательный аппарат могут действовать силы тяготения звёздных систем и звёзд, исключая определяющее влияние гравитации Солнечной системы и Солнца.

Межгалактическое космическое пространство – часть природы за пределами галактики Млечный Путь, где на космический летательный аппарат могут действовать силы тяготения иных галактик космоса, исключая определяющее влияние гравитации галактики Млечный Путь.

Человечество ограничено возможностями создания технических средств преобразования космоса на уровне (в пределах) вещественного энергетического освоения околоземного и межпланетного частей (структур) космического пространства.

В составе околоземного космического пространства выделяются несколько основных частей:

приземное околоземное космическое пространство – часть атмосферы Земли в пределах от 75 км до 150 км от уровня поверхности Земли, где возможно движение космического летательного аппарата в течение нескольких часов;

ближнее околоземное космическое пространство – часть атмосферы Земли в пределах от 150 км до 2000 км от уровня поверхности Земли, где возможно движение космического летательного аппарата со сроками от нескольких часов до нескольких лет;

среднее околоземное космическое пространство – часть космоса в пределах от 2000 км до 50 000 км от уровня поверхности Земли, где возможно движение космического летательного аппарата в режиме инерциального полёта от единиц до сотен астрономических земных лет;

дальнее околоземное космическое пространство – часть атмосферы Земли в пределах от 50 000 км до 930 000 км от уровня поверхности Земли, где возможно движение космического летательного аппарата под действием гравитации планеты Земля.

Методы астрономических наук

В астрономических науках применяются разнообразные методы научного познания, классифицируемые по определённым критериям. По критерию первичной или вторичной информации об объектах космоса различаются: группа методов эмпирического астрономического познания, или методы эмпирической астрономии; группа методов рационального логического астрономического познания, или методы теоретической астрономии.

Методами эмпирической астрономии создаётся истина фактов объектов космоса. Наблюдение и измерение выступают первичными методами астрономических наук, так как все теоретические гипотезы и математические вычисления свойств объектов космоса основаны на фактах эмпирической астрономии и проверяются на них. Достаточная точность информации об объектах космоса необходима человечеству для решения промышленных проблем, проблем здоровья и выживания при взаимодействии с закономерностями неорганической природы.

Основным методом астрономических наук независимо от критерия эмпиричности или теоретичности является **пассивное наблюдение**, так как объекты космоса нельзя подготовить для экспериментального познания по причинам их удалённости от человека на значительные расстояния. Астрономическое наблюдение по своей сущности сводится к регистрации и последующему анализу исходящих от объектов космоса электромагнитных излучений.

Источником первичной информации об объектах космоса для комплекса астрономических наук выступают **физические процессы излучения и поглощения электромагнитных волн в среде,** или **электромагнитное излучение объектов космоса.** До середины 20 в. все астрономические наблюдения проводились в видимом диапазоне спектра электромагнитного излучения с длиной волны λ (ламбда) в интервале 4000-8000 Å (ангстрем).

В современной астрономии наблюдения производятся в оптическом, инфракрасном и ультрафиолетовом диапазонах спектра электромагнитного излучения с длиной волн λ в интервале 1000-10 000 Å (ангстрем).

Астрономические наблюдения в радиодиапазоне спектра электромагнитного излучения начались после Второй мировой войны на основе прогресса радиотехники, применяемой для радиолокации и связи. Коротковолновый спектр электромагнитного излучения, состоящий из ультрафиолетового, рентгеновского и гамма секторов, стал осваиваться в астрономии с 60-х гг. 20 века. Прогресс авиации и космонавтики со второй половины 20 века позволил учёным вывести научные приборы на высоту более 20 км атмосферы от уровня поверхности Земли.

Современная астрономия использует достижения экспериментальных и теоретических разделов физических и химических наук, уравнений и методов математических наук, применяя их к познанию объектов космоса. Познание объектов околоземного космоса, космоса Солнечной системы и космоса Вселенной производится физическими и астрономическими приборами с Земли или с космических аппаратов различных классов, которые, как и Земля постоянно перемещаются в пространстве. Познание закономерностей Вселенной в целом и гипотетических объектов космоса проводится методами теоретического астрономического познания, основанного и проверяемого результатами астрономических наблюдений.

Более 99% наблюдаемых в астрономии объектов космоса имеет температуру более 100 000 ^{0}С, представлено веществом звёзд и горячего разрежённого межзвёздного и межгалактического газа в состоянии плазмы. По этим причинам в современных астрономических науках **господствуют методы физической макроскопической теории переноса электромагнитного излучения в среде, которой свойственно поглощение и излучение электромагнитных волн.** Основные закономерности и методы, используемые в астрономии, установлены специалистами физики твёрдого тела, физики атома, физики газов, термодинамических наук, физики элементарных частиц.

В современных астрономических науках для решения познавательных проблем и задач используются преимущественно следующие **физические законы**: закон Максвелла распределения свободных частиц по скоростям, или энергиям; закон Больцмана распределения атомов по энергиям; закон Планка о распределении энергии фотона; закон Кирхгофа о связи между коэффициентами излучения и поглощения; законы теплового излучения абсолютно чёрного тела, в том числе, закон Рэлея-Джинса, закон Вина, закон смещения Вина, закон Стефана-Больцмана; закономерности теории вириала для механических систем относительно гравитационно-связанных астрономических систем; иные более конкретные законы.

Важнейшим методом оценки массы гравитационно-связанных объектов Вселенной является метод вычисления по **теореме вириала**, разработанный для механических систем. Теорема вириала обоснована физиком из Германии Р. Клаузиусом в 1870 г. и используется для исследования среднего значения суммарной кинетической энергии всяких систем частиц, движущихся в ограниченной области пространства под действием сил гравитации обратно пропорционально квадрату расстояния.

Теорема вириала в механике связывает массы, размеры и характерные времена, скорости движения составных частей гравитационно-связанных объектов. В уточнённых формулировках теорема вириала применима к газообразным объектам природы – звёздам, к галактикам, а также для объяснения движения частиц в атомах. Возможности теоремы вириала: определение величин связи между средними по времени значениями кинетической энергии одной частицы или суммы частиц объекта (системы) со значением потенциальной энергии исследуемой системы.

Применяя соотношения теоремы вириала, определяют величину полной массы галактического скопления объектов без полной информации о ненаблюдаемой части данного объекта, так как для вычислений по этой формуле достаточно информации о наблюдаемых изменениях скоростей отдельных звёзд или галактик, а также знания наблюдаемого размера системы, или скопления объектов познаваемой части Вселенной.

Теорема вириала применяется для оценки масс сверхмассивных объектов активных галактик и квазаров, названных условным термином «чёрные дыры» по причине отсутствия поступления от них исследователям на Земле каких-либо линий спектров электромагнитного излучения. Основные закономерности объектов космоса, познаваемые возможностями теоремы вириала:

определение энергии связи самогравитирующей системы по закономерности – энергия связи самогравитирующей системы пропорциональна квадрату его массы и обратно пропорциональна его размеру;

определение свойства отрицательной теплоёмкости гравитационно-связанных объектов: если тепловая энергия системы/объекта связана с кинетической энергией составляющих его частиц, в том числе, звезда в состоянии невырожденного идеального газа, то отдача тепла, в том числе излучение электромагнитной энергии звездой, приводит к увеличению тепловой энергии данной системы;

оценка скорости движения пробных частиц с меньшей массой в гравитационно-связанной системе с полной массой и характерным размером;

оценка температуры газа в скоплениях галактик, в том числе, определение величины вириальной температуры около 10^6 К для скоплений галактик с массой порядка 10^{13} масс Солнца и диаметром в несколько мегапарсек. Именно в пределах данной величины температуры межгалактический газ находится в состоянии плазмы и светится, в основном, в рентгеновском диапазоне.

Стандартные системы измерений в астрономии

Для решения проблем и конкретных задач в астрономических науках приняты согласованные специалистами стандартные системы измерений. Множество стандартных систем измерения в астрономии составляют: системы измерений астрономических расстояний, стандартные величины астрономического времени, характерные астрономические значения масс, солнечные (звёздные) единицы астрономических измерений; планковские единицы в астрономических измерениях; земные единицы в астрономических измерениях.

Специалисты астрономических наук применяют в основном внесистемные единицы физических величин, так как система СИ подготовлена специалистами для использования в масштабах, соизмеримых с техническими, промышленными и жизненными практическими возможностями и потребностями бытия человека на планете Земля. Масштабы космоса превосходят возможности индивида и человечества в пределах до бесконечности.

Системы измерений астрономических расстояний

Измерение расстояний до объектов космоса составляет одну из основных проблем всех астрономических наук. Основные внесистемные астрономические единицы расстояний: астрономическая единица (а. е.); парсек (пк); световой год (свет. год); световая секунда (свет. с.); световая минута (свет. мин); хаббловский радиус.

Астрономическая единица (а. е.) представляет собой среднее расстояние от Земли до Солнца. 1 а. е. = $1,49597870 \times 10^{11}$ м = $1,49597870 \times 10^{8}$ км ±2 км, или 149,6 млн. км, или 149 600 000±30 000 км, или $1,5 \times 10^{13}$ см, или 500 световых секунд. Численное значение астрономической единицы уточняется специалистами астрометрии и астрофизики с использованием различных методов.

Современные методы оценки астрономической единицы: радиолокация астероидов с известными орбитами, близко подходящими к Солнцу; метод точного измерения траекторий космических аппаратов с последующим вычислением величины с использованием закона всемирного тяготения, который (закон) связывает ускорение тел с расстоянием до Солнца.

Стандартный метод оценки астрономической единицы – вычисление по результатам наблюдения годичной аберрации звёзд с учётом времени одного, или годового обращения Земли вокруг Солнца. Астрономическая единица является естественной мерой расстояний в Солнечной системе.

Парсек (пк), или параллакс-в-секунду – расстояние от Земли до светила, или светящегося небесного объекта за пределами Солнечной системы, который обладает годичным параллаксом в 1 угловую секунду; или – парсек есть расстояние, с которого отрезок, равный большой полуоси земной орбиты, расположенный перпендикулярно лучу зрения наблюдателя, виден под углом в 1 угловую секунду (1"). Годичным параллаксом называется угол, под которым радиус земной орбиты наблюдается визуально со звезды под углом в 1 секунду.

Парсек рассчитывается специалистами астроме́трии. Принято общее соотношение: 1 пк = 206265 астрономических единиц (а. е.) = 3,259 световых лет, или 3,262 световых лет = $3,0857 \times 10^{13}$ км = $3,0857 \times 10^{16}$ м, или 3×10^{18} см.

Парсек принят специалистами по астрономии в качестве единицы измерения расстояния до звёзд в нашей Галактике – **галактике Млечный Путь**. Максимальная абсолютная точность определения расстояний до звёзд по параллаксам постоянно совершенствуется специалистами астрометрии. В космическом эксперименте ГИППАРКОС достигнута самая высокая точность определения положения звёзд с величиной 0,001" (угловой секунды) для звёзд до 9-й звёздной величины. Достигнутая точность соответствует расстоянию в 1 килопарсек (кпк), или одной тысячи парсек.

За пределами величины 1 кпк для измерения расстояний до более далёких звёзд применяются косвенные методы, или методы установления шкалы расстояний во Вселенной, выражаемые в кпк, или в килопарсеках. Основная физическая закономерность данной группы методов связана с изменениями потока светового электромагнитного излучения объекта.

Специалисты астрономии измеряют расстояния между объектами Вселенной, применяя формулы определения фотометрического расстояния от светящегося объекта, учитывая показатели регистрируемого приборами потока светового электромагнитного излучения данного объекта при условии знания ранее установленной величины светимости. Светимостью объекта называется количество электромагнитной энергии, излучаемой исследуемым объектом за секунду.

Основной метод из группы методов установления шкалы расстояний во Вселенной представляет **цефеидный метод**, или метод «по цефеидам». Цефеидами называются относительно яркие звезды галактики Млечный Путь, расположенные в структуре старого заселения галактики Млечный Путь с массами от 3 до 12 масс Солнца, обладающие закономерностями переменности своего блеска в зависимости от периодичности физических процессов своего функционирования, или своей эволюции.

Пределы измеряемых расстояний по цефеидному методу составляют до 15 миллионов парсек, или 15 Мпк. Достоверно измеряемая величина расстояний до 15 Мпк достаточна для определения расстояний в пределах галактики Млечный Путь и до иных классов галактик Вселенной.

По цефеидному методу установлены некоторые важные в астрономии расстояния: расстояние от Солнца до центра галактики Млечный Путь составляет 7,5-8 кпк; размер типичной галактики, или области галактики, в которой наблюдается светящееся вещество газа или звезды равен 10-20 кпк.

Цефеидным методом и методами определения светимости иных типов ярчайших звёзд, находящихся в иных галактиках Вселенной, а также определены расстояния до галактик Вселенной, ближайших к галактике Млечный Путь. Некоторые вычисления расстояний до галактик: 55 кпк – расстояние до галактики Большое Магелланово Облако и галактики Малое Магелланово Облако, которые являются спутниками нашей Галактики; 640 кпк – расстояние до галактики Туманность Андромеды, или галактики М 31; 15 Мпк – расстояние до центра скопления галактик в созвездии Дева; 80 Мпк – расстояние до центра скопления галактик в созвездии Волосы Вероники.

Расстояния до далёких галактик вычисляются с использованием закона Хаббла, или **закона «красного смещения»**. Закон Хаббла в общей формулировке: галактики во Вселенной удаляются друг от друга со скоростью, прямо пропорциональной расстоянию между ними. По закону Хаббла лучевая скорость v всякой галактики пропорциональна расстоянию r от неё: v=Hr, где H – коэффициент пропорциональности, называемый также постоянной Хаббла.

Физические величины, необходимые для вычислений по закону Хаббла: скорость разлёта галактик; расстояние между галактиками; постоянная Хаббла, принятая специалистами в качестве одной из мировых констант с количественным показателем в интервале значений от 50 до 100 единиц измерения величины км/(с×Мпк), усреднённо – 75 км/(с×Мпк). Величина км /(с×Мпк) читается «километр в секунду на мегапарсек».

Точность вычислений расстояний до далёких галактик по закону Хаббла зависит от точности значений красного смещения спектра линий исследуемых конкретных галактик, точной оценки значений постоянной Хаббла, определения скорости удаления галактик. Специалисты НАСА США обосновали к 2003 г. точное значение постоянной Хаббла величиной в **72 км/(с×Мпк)** на основе анализа информации космического оптического телескопа «Хаббл».

На основе анализа информации космическогоого телескопа "Спитцер", специалисты НАСА обосновали новое значение постоянной Хаббла величиной 74,3 ± 2,1 километра в секунду на мегапарсек. Это означает, что две галактики, разделенные расстоянием в один мегапарсек, или 3 миллиона световых лет разлетаются со скоростью около 74,3 километра в секунду.

Для относительно близких далёких галактик метод вычисления по закону Хаббла калибруется с цефеидным методом и имеет однозначную оценку. В случае познания расстояний до относительно далёких галактик вычисление расстояний по закону Хаббла имеет вероятностную величину и зависит от принятой специалистами космологической модели Вселенной.

Световой год (св. год). Внесистемной единицей измерения расстояний до галактик и звёзд галактики Млечный Путь является световой год. **Световой год** (св. год) – астрономическая единица расстояния, равная расстоянию, проходимому потоком видимого света за один земной год; или – расстояние, которое проходит фотон в вакууме за один тропический год, не испытывая воздействие гравитационного поля.

1 световой год (св. год) = 9,460530×10^{15} м = 9 460 528 404 879 358 812,6 м = 9,4605 петаметров (Пм) = 9,460530×10^{12} км = 9 490 528 404 879 358,8126 км = 0,3069 пк = 63 240 а. е.–63 280 а. е. = 0,3066 пк. Условно 1 св. год равен **9 триллионам** километров, или 9,47×10^{15} м, или 0,306 парсе-ка (пк). Измерения в величине светового года относительны в смысле от-сутствия критерия высокой точности измерения. Познанные современной астрономией объекты Вселенной с максимально известным красным сме-щением вычислены с удалением на расстояние 13 млрд. световых лет от планеты Земля.

Для измерения расстояний внутри планетарных систем используются также внесистемные единицы: **световая секунда** – расстояние прохождения луча света в вакууме за 1 секунду, что составляет 299 782 458 м; **световая минута** – расстояние прохождения луча света в вакууме за 1 минуту, что составляет 17 987 547 480 м.

Хабблловский радиус – несистемная единица расстояний во Вселенной, принятая в космологической концепции (теории, гипотезе) расширяющейся Вселенной, представляющая результат произведения величины возраста Вселенной на величину скорости света. Хабблловский радиус составляет **3500 Мпк** (мегапарсек).

Стандартные величины астрономического времени

Основные стандартные величины астрономического времени: хабблловский возраст, или современная величина возраста Вселенной – 1,4×10^{10} лет; время жизни звезды типа (класса) Солнца – 10^{10} лет; период обращения Солнца вокруг центра Галактики – 225-230 млн. лет; период обращения Земли вокруг Солнца – 3,16×10^{4} с = 1 календарный год; период обращения Земли вокруг собственной оси, или сутки – 9×10^{4} с = 24 ч; время жизни атома в возбуждённом состоянии – 10^{-8} с.

Стандартные (характерные) астрономические значения масс

Для вычислений в астрономических науках приняты характерные астрономические значения масс нескольких классов тел: масса элементарных частиц; масса молекулярных и атомных частиц; масса небесных тел в составе Солнечной системы; масса звёзд; массы небесных тел в составе наблюдаемой части Вселенной.

Масса элементарных частиц: 10^{19} ГэВ (гигаэлектронвольт) – максималь-но возможная масса элементарной частицы по вычислениям Стандартной теории частиц; 1 ГэВ – масса протона; 5^{11} кэВ (килоэлектронвольт) – мас-са электрона.

Масса молекулярных и атомных частиц сосредоточена в интервале от 1,64×10^{-27} кг до 10^{-22} кг.

Масса небесных тел в составе Солнечной системы: масса Земли – $5,976 \times 10^{24}$ кг; масса Луны – $7,35 \times 10^{22}$ кг; масса Солнца – $1,989 \times 10^{30}$ кг, или $1,983 \times 10^{30}$ кг, или 332 946 масс Земли; масса планет Солнечной системы составляет от $3,17 \times 10^{23}$ кг до $1,9 \times 10^{27}$ кг; масса астероидов Солнечной системы – от 10^{6} кг до 10^{20} кг; масса метеорных тел – от 10^{6} кг до 10^{-16} кг; масса космической пыли, или микрометеоритов – от 10^{-19} кг до 10^{-15} кг; масса молекулярных и атомных частиц – от $1,64 \times 10^{-27}$ кг до 10^{-22} кг.

Масса звёзд: масса Солнца, или типичной звезды – 2×10^{33} г; массы стационарных звёзд – от 0,1 массы Солнца до 100 масс Солнца.

Масса небесных тел в составе наблюдаемой части Вселенной: масса галактики Млечный Путь – 10^{42} кг, или 10^{11} масс Солнца; масса галактики Большое Магелланово Облако – 10^{40} км; масса наблюдаемой части Вселенной – 10^{51} кг; масса барионного вещества Вселенной – от 10^{6} масс Солнца до 10^{12} масс Солнца.

Расчёты некоторых масс галактических объектов и Вселенной вероятностны, но необходимы для решения астрономических проблем и космического естествознания. Важнейшим методом оценки массы гравитационно-связанных объектов Вселенной является метод вычисления по теореме вириала для механических систем, который устанавливает зависимость между усреднённой во времени полной кинетической энергией объекта Вселенной и его потенциальной энергией.

Солнечные единицы

Солнечные единицы – физические величины массы, радиуса и светимости звёзд, установленные по критерию количественного выражения их по физическим свойствам Солнца. Основные солнечные единицы: масса Солнца – 2×10^{33} г; видимый радиус Солнца – 7×10^{10} см, или радиус Солнца – $6,9599 \times 10^{8}$ м, или 696 млн. км; болометрическая светимость Солнца, или мощность излучения Солнца во всём диапазоне электромагнитного спектра – 4×10^{33} эрг/с; полный поток электромагнитной энергии Солнца на Земле – 10^{6} эрг/(см^2 с); светимость Солнца – $3,826 \times 10^{26}$ Вт.

Планковские единицы измерений в астрономических науках

Планковские физические единицы, или планковские единицы – единицы физических измерений экстремальных состояний вещества, значения которых являются предельными возможными в системе современного физического познания. Множество «планковские физические единицы» составляют: **планковская длина с показателем 10^{-33} см; планковская масса с показателем 10^{19} ГэВ; планковское время с показателем 10^{-44} с; планковская плотность с показателем 10^{93} г/см3; планковская све-**

тимость с показателем 10^{59} эрг/с; планковская энергия с показателем 10^{19} ГэВ; иные расчитываемые специалистами предельные величины.

Использование планковских величин в физических и астрономических исследованиях возможно методами математической физики. В физических экспериментах доказано соответствие современных физических знаний объектам с **минимальной длиной** 10^{-17} **см** и энергией порядка одного ТэВ, или тера электронвольт, или 10^{12} эВ (электронвольт).

Земные единицы астрономических измерений

Некоторые сравнимые с планетой Земля астрономические величины, принятые в астрономических науках: радиус Земли: средний радиус Земли – 6371032 м, полярный радиус Земли – 6356777 м, экваториальный радиус Земли – 6378160 м; среднее расстояние между центрами Земли и Луны – 384400 км.

Состояния вещества Вселенной

Основные состояния вещественных объектов космоса, доступные астрономическому познанию: газовое состояние вещества космоса; твёрдое состояние вещества космоса.

Основное познанное состояние вещества Вселенной – **газовое агрегатное состояние вещества,** или **газ Вселенной**. Газ Вселенной без учёта газа атмосфер планет состоит из атомов и молекул водорода и гелия с незначительным включением некоторых более тяжёлых атомов химических элементов. Газ космоса, или газ Вселенной существует в двух универсальных классах (типах, формах, состояниях): плотный непрозрачный для излучения горячий газ; диффузная разрежённая среда, или диффузная разрежённая газовая среда.

Плотный непрозрачный для излучения горячий газ Вселенной имеет температуру от нескольких тысяч до нескольких сотен миллионов градусов; из него образованы звёзды, или звёздные тела.

Основное вещество космоса, наблюдаемое по электромагнитному излучению, представлено звёздными телами (звёздами). Звёзды являются также основным источником энергии космоса, так как в центральной части звёзд реализуются в течение миллионов и миллиардов лет термоядерные реакции с выделением рассеиваемых на громадные расстояния потоков тепловой энергии.

Диффузная разрежённая среда Вселенной, или диффузная разрежённая газовая среда – состояние вещества космоса, в которых размещены более плотные газовые тела, а также твёрдое вещество космоса. Типы (классы) диффузной разрежённой газовой среды Вселенной: межпланетная; межзвёздная; межгалактическая.

Межпланетная диффузная разрежённая газовая среда Вселенной – состояние газа космоса, исследованное в пределах Солнечной системы, представляющее собой расширяющийся ионизированный газ внешней атмосферы, или короны Солнца. Межпланетная диффузная разрежённая газовая среда Солнечной системы исследуется специалистами астрофизики, так как информация о её свойствах необходима для осуществления космических полётов, поддержания жизни на Земле и здоровья людей.

Свойства межпланетной диффузной разрежённой газовой среды Солнечной системы: температура в пределах миллиона градусов Цельсия; концентрация атомов водорода, или элементарной частицы протон на единицу см^3; оптические свойства, в том числе, прозрачность для светового спектра электромагнитного излучения; высокая электропроводность; магнитные свойств; возникновение плазменных эффектов при взаимодействии её с ионизированным газом комет и магнитосферами планет; иные характеристики.

По аналогии со свойствами межпланетной диффузной разрежённой газовой среды Солнечной системы со второй четверти 20 в. исследуются свойства межпланетной диффузной разрежённой газовой среды экзопланет.

Межзвёздная диффузная разрежённая газовая среда Вселенной – состояние газа космоса, исследованное специалистами астрофизики звёзд в космосе галактики Млечный Путь, представляющее собой неоднородное постоянно изменчивое вещество, заполняющее объёмы между более плотными состояниями вещества. Основные изученные свойства межзвёздной диффузной разрежённой газовой среды Вселенной:

неоднородность плотности, температурных величин и химического состава;

гравитационная неустойчивость, позволяющая осуществлению процессов сжатия газа в состояние звезды – более плотного газа, организованного силами тяготения и электромагнитного взаимодействия;

высокая электропроводность;

значительное влияние магнитного поля на специфику собственного движения; наличие потоков ударных волн при изменениях гравитационных неоднородных систем газа;

непрозрачность для света отдельных систем, свойственная в особенности молекулярным облакам;

наличие в молекулярных облаках сложных молекул и простых органических соединений.

Межгалактическая диффузная разрежённая газовая среда Вселенной – состояние газа космоса, исследованное в пределах галактик Вселенной, представляющее собой максимально разрежённую газовую среду познанной природы. Некоторые свойства межгалактической диффузной разрежённой газовой среды Вселенной:

наблюдается исключительно в рентгеновском диапазоне по причине высокой температуры в пределах от 10^7 К до 10^8 К при условии, что один градус Кельвина, или один Кельвин, равен +273,15 градуса Цельсия, или К = +273,15 $^\circ$С;

состояние высокоионизированной плазмы с очень низкой концентрацией атомов в пределах 10^{-4} см$^{-3}$ – 10^{-3} см$^{-3}$;

высокая прозрачность, позволяющая наблюдать далёкие галактики с точностью, аналогичной точности рассеяния фотонов на свободных электронах при исследовании элементарных частиц на Земле;

управление (удержание) под действием суммарного гравитационного поля Вселенной и скрытой «тёмной массы» с непознанным ещё составом.

Твёрдая фаза вещества космоса – космические тела, организованные силами гравитации в пространственно ограниченные плотные состояния вещества, не разделяющиеся в естественных условиях на потоки единичных атомов и молекул. Твёрдое вещество космоса составляют: малые, большие и карликовые планеты Солнечной системы; экзопланеты иных несолнечных звёздных систем; космическая пыль; часть кометного вещества космоса.

Некоторые основные свойства твёрдого космического вещества: непрозрачность для света; отсутствие собственной энергии для изменений; отражение электромагнитных излучений от звёзд; наличие внутреннего строения, или стуктуры; достаточно высокая степень упорядоченности существования; реализация закономерностей классической механики, установленных для земных твёрдых тел; доступность для познания космическими аппаратами, доставляемыми на их поверхности; однородность физических свойств с физическими свойствами людей, так как люди являются твёрдыми телами; иные характеристики.

Телескопия в астрономии

Высокая точность астрономических измерений и исследований в целом достигается особыми методами и приборами. Выдающееся значение в астрономии имеют телескопы различных конструкций и методик их использования. Применение телескопов и методов познания объектов космоса посредством этих приборов составляет содержание телескопической астрономии, или телескопии. Начало телескопии датируется 17 веком в культуре Западной Европы.

В указанное историческое время произошли два выдающихся факта науки: систематические наблюдения небесных объектов в зрительную трубу физиком из Италии Г. Галилеем; усовершенствование метода телескопии физиком из Германии И. Кеплером. По решению специалистов истории культуры 1609 г. признаётся началом телескопической астрономии. В этот год физик, астроном и популяризатор естествознания из Италии Галилео Галилей применил простейший телескоп для наблюдения за планетами Солнечной системы.

Первые телескопы были оптические и фиксировали зрительно воспринимаемую световую часть спектра электромагнитного излучения небесных тел. Изобретение телескопа, по мнению некоторых специалистов истории науки, относится к 1550 г. Изобретателем является мастер Леонард Дигс, который создал не сохранившийся к нашему времени телескоп из положительной линзы-объектива и вогнутого зеркала в качестве окуляра.

По мнению большинства специалистов по истории естествознания, изобретатель телескопа – мастер по производству очков из Дании Ганс Липперсхей, создавший в 1608 г. телескоп, также не сохранившийся к настоящему времени. Авторство создания телескопа связывают также с мастером Захарием Янсеном. Конструкцию телескопа Г. Липперсхея использовал Г. Галилей в 1609 г. для создания собственных вариантов телескопов с 3-х, 8-ми и 32-х кратным увеличением для наблюдения за небесными объектами.

Термин «телескоп» предложил в 1611 году математик из Греции Джованни Демизиани для названия одного из инструментов, которым пользовался Г. Галилей. Лично Г. Галилей называл прибор для наблюдения за небесными телами латинским словом «perspicillum».

Телескоп представляет собой прибор (инструмент), собирающий и концентрирующий электромагнитное излучение от некоторой относительно ограниченной части небесной сферы в изображение объектов данной части космоса. Современные оптические телескопы работают в нескольких диапазонах электромагнитного излучения: видимый; ближний инфракрасный; ближний ультрафиолетовый.

Классы (типы) телескопов по критерию «**функционирование в определённых диапазонах спектра электромагнитного излучения**»: оптический телескоп; радиотелескоп; ультрафиолетовый телескоп, или УФтелескоп; инфракрасный телескоп, или ИФ-телескоп; гамма детектор-телескоп.

Классы телескопов по критерию «**регистрация гравитации и нейтрино**»: нейтринный телескоп, или детектор нейтрино; детектор гравитационных волн.

Классы телескопов по критерию «**специфика звёздного объекта**»: солнечный телескоп – прибор для наблюдения Солнца; традиционный звёздный телескоп – прибор для наблюдения звёздных объектов за пределами Солнечной планетной системы.

Классы телескопов по критерию «**автор-изобретатель**»: телескоп Галилея; телескоп Гершеля; телескоп Грегори; телескоп Дала-Киркхема; телескоп Дигса; телескоп Йоло; телескоп Кассегрена; телескоп Корнелл-Атакама; телескоп Кудера; телескоп Куттера; телескоп Максутова; телескоп Максутова-Кассегрена; телескоп Мейола; телескоп Ньютона; телескоп Райта; телескоп Ричи-Кретьена; телескоп Субару; телескоп Уолтера; телескоп Хобби-Эберли; телескоп Шмидта-Кассегрена.

Классы оптических телескопов по критерию **технических характеристик основного элемента сбора информации в конструкции**: телескоп-рефлектор – прибор, в котором сбор и концентрация электромагнитного излучения реализуется вогнутым зеркалом разных форм, в том числе, гиперболической, параболической, сферической форм; телескоп-рефрактор – прибор для сбора и концентрации электромагнитного излучения посредством линзового объектива.

Классы оптических телескопов по критерию «**оптическая схема**»: линзовый телескоп, или диоптрический телескоп – прибор, в котором в качестве объектива используется линза или система линз; зеркальный телескоп, или катаптрический телескоп – прибор, в котором в качестве объектива используется вогнутое зеркало; зеркально-линзовый телескоп, или катадиоптрический телескоп – прибор, в котором в качестве объектива используется сферическое зеркало, а линза, система линз или мениск функционируют для компенсации аберраций (оптических искажений).

Классы телескопов по критерию «**размещение**»: телескоп наземного расположения; телескоп приземного слоя атмосферы; космический телескоп.

Множество «**телескопы наземного расположения**» составляют в основном оптические телескопы и радиотелескопы.

В современной астрономии действуют не менее 72 крупнейших оптических телескопов, в том числе: 46 телескопов-рефлекторов, 13 телескопов-рефракторов, 12 телескопов системы Шмидта. Современные оптические телескопы наземного расположения имеют диаметр объектива от 0,66 м до 10,4 м и находятся в разных частях планеты Земля. Самые значительные из них по критерию размера главного зеркала относятся к классу рефлекторных телескопов. Данное множество телескопов размещено в различных частях континентов Земли. Основные из современных оптических телескопов наземного расположения по критерию величины главного зеркала:

оптический телескоп с диаметром главного зеркала 10,4 м назван GTC, или Большой канарский телескоп, расположен на Канарских островах, Ла-Пальма, США;

два оптических телескопа с диаметром главного зеркала по 9,8 м, названные «Кекк-1» и «Кекк-2», или Телескопы имени В. Кека, размещены в обсерватории Мануа-Кеа, на одном из островов системы Гавайские острова США;

оптический телескоп с диаметром зеркала 9,1 м, названный HET, или Телескоп им. В. Хобби и Р. Эверли, находится в США, штат Техас;

оптический телескоп с диаметром зеркала 9,1 м, названный SALT, или Большой южноафриканский телескоп, расположен в ЮАР, местность Сатерленд;

четыре оптических телескопа с диаметром рефлекторов по 8,2 м находятся в Чили на горе Сера-Паранал и принадлежат Европейской обсерватории;

оптический телескоп с диаметром рефлектора 6 м находится в России вблизи станицы Зеленчукская Краснодарского края.

Радиотелескопы наземного расположения (базирования). Электромагнитные излучения космических тел в длинноволновом диапазон радиоволн от 1 мм до нескольких десятков метров регистрируются радиотелескопами наземного базирования (РТНБ), или радиотелескопами (РТ). Этот класс астрономических приборов отличается сложностью типов антенн и систем приёма информации, а также значительными размерами. Радиотелескоп наземного базирования изобрёл в 1937 г. астроном и физик Г. Ребер. Наиболее важные для современной астрономии радиотелескопы наземного базирования:

австралийский радиотелескоп (АРТ) – система из 6 радиотелескопов с параболическими антеннами, размещёнными на территории 6 км, образующих антенную решётку, позволяющую координировать астрономические наблюдения с иными параболическими антеннами в пределах 300 км поверхности Земли. АРТ находится в Австралии в г. Калгари;

радиотелескоп в Алгонкине – полноповоротный радиотелескоп с параболической антенной диаметром 46 м, расположенный в Канаде;

радиотелескоп в Аресибо – созданный специалистами США самый большой в истории человечества радиотелескоп с параболической неподвижной антенной и диаметром сплошного зеркала 305 м, размещённый в кратере потухшего вулкана вблизи г. Аресибо на территории государства Пуэрто-Рико;

радиотелескоп Паркс – полноповоротный радиотелескоп с параболической антенной диаметром 64 м, расположенный в Австралии;

радиотелескоп Грин-Бэнк – самый большой в истории человечества полноповоротный радиотелескоп с параболической антенной размером 110 м×100 м, расположенный в штате Западная Виргиния в США;

радиотелескоп Джеймса Клерка Максвелла – радиотелескоп миллиметрового диапазона длин волн с параболической антенной диаметром 15 м, расположенный на Гавайских островах на горе Мануа-Кеа на высоте 4100 м;

радиотелескоп Марк 1, или радиотелескоп Лавелла – полноповоротный радиотелескоп с параболической антенной диаметром 75 м, расположенный в г. Манчестер в Великобритании;

РАТАН-600 – радиотелескоп наземного базирования Специальной Астрофизической обсерватории Российской академии наук, состоящий из 900 панелей с индивидуальным управлением, расположенных в форме кольца с диаметром 600 м. РАТАН-600 входит в систему Зеленчугской обсерватории, имеющей статус оптической и радиоастрономической обсерватории СССР и современной России. РАТАН-600 находится на территории вблизи станицы Зеленчугская на Северном Кавказе.

Посредством применения радиотелескопов наземного базирования были выявлены новые свойства космических объектов в Солнечной системе и галактике Млечный Путь, открыты внегалактические объекты, в частности, квазары, нейтронные звезды.

Телескопы приземного слоя атмосферы выводятся на высоты от 10 км до 40 км самолётами и аэростатами. В основном для использования в приземном слое атмосферы применяются инфракрасные телескопы, или ИФ-телескопы Систематические исследования космических объектов в инфракрасном диапазоне проводятся в США на самолетной обсерватории имени Дж. Койпера, где установлен инфракрасный телескоп с диаметром 1 м.

Космические телескопы в астрономических исследованиях

Космические телескопы – аппараты, функционирующие в составе комплекса научной техники, выведенной на орбиту Земли и функционирующей в качестве беспилотного космического летательного аппарата земная орбитальная станция (обсерватория).

На начало 2013 г. действует **26 классов космических телескопов**: AGILE; Akari; Чандра; COROT; Гершель; GLAST; GALEX; HETE-2; Хаббл; Интеграл; Кеплер; LEGRI; MOST; NuSTAR; PAMELA; Планк; Радиоастрон; RXTE; Спитцер; Odin; ASTRO-E; Swift; SWAS; Тесис; TRACE; XMM-Newton. Все названные классы космических телескопов созданы специалистами США, государств Западной Европы, Японии. Прекратили работу 42 космических телескопа различных классов, в том числе, созданных учёными СССР. Планируется к выведению на орбиту не менее 14 космических телескопов различных классов.

Первый космический оптический телескоп создали специалисты НАСА США и в 24 апреля 1990 г. вывели его на круговую орбиту Земли с высотой 607 км. Космический оптический телескоп получил название «Космический телескоп имени Хаббла». Беспилотный орбитальный космический летательный аппарат, на котором размещён оптический космический телескоп имени Хаббла, называется STH – околоземная оптическая обсерватория. Технические характеристики STH: длина 13 м; вес 11,6 т; наибольший диаметр 4,2 м; диаметр рефлектора 2,4 м; эквивалентность оптической системы STH телескопу наземного расположения длиной 57,6 м. Наблюдения объектов космоса приборами STH имеют статус новейших достижений в познании Вселенной, галактик, звёзд. Околоземная оптическая обсерватория STH обслуживается специалистами НАСА США и Европейского космического агентства (ESA).

Выдающиеся астрономические открытия, полученными приборами STH с 1990 г.: открытие к 2001 г. 180 планет вне Солнечной системы; открытие двух новых спутников Плутона; открытие обширной галактики во Вселенной; наблюдение и получение в 1994 г. изображения столкновения кометы с поверхностью планеты Юпитера; наблюдение в 1994 г. взрыва сверхновой звезды в галактике Большое Магелланово облако; наблюдения за свойствами гамма-всплесков, или коротких вспышек гамма-излучений в космосе со временем от миллисекунд до десятков секунд; глубокие снимки Вселенной; наблюдения за звёздными гало галактик Млечный Путь и Туманность Андромеды; исследования цеферид, или звёзд с характерными пульсациями в 31-й галактике, позволившие сделать вывод о возрасте Вселенной в 13,7 млрд. лет; обнаружение и наблюдение 16 далёких сверхновых звёзд, позволившие сделать вывод об ускорения расширения Вселенной около 5 млрд. лет назад и торможении ускорения Вселенной до этого времени; наблюдения за центрами галактик, подтверждающие гипотезу о наличии в них сверхплотных состояний материи (вещества), или чёрных дыр-коллапсаров.

Европейским космическим агенством в 2007 г. принято решение выделить 800 млн. долларов на строительство Чрезвычайно большого телескопа (**EELT**) оптического класса с зеркальным телескопом 42 м, расположенном на вращающемся куполе диаметром 80 м. В телескопе будет 906 сегментов в форме полуторометровых шестиугольников с внутренними зеркалами, которые способны изменяться тысячу раз в секунду, а результаты всех изменений будут обрабатываться на ЭВМ.

Такого класса оптические телескопы создаются на основе достижений адаптивной оптики и позволяют получать изображения небесных объектов в 100 раз чувствительнее работающих в настоящее время оптических телескопов. Телескоп EELT будет построен к 2017 г. и позволит решить проблемы обнаружения тёмной материи и тёмной энергии Вселенной, открытия планет у других звёзд, нахождения сверхмассивных коллапсаров.

Для исследования излучений небесных тел в ультрафиолетовом (УФ), инфракрасном (ИФ), рентгеновском и гамма диапазонах применяются неоптические телескопы, вынесенные за переделы приземных слоёв атмосферы самолетами, аэростатами, геодезическими ракетами и космическими ракетами.

Космические **ультрафиолетовые телескопы** стали доставляться на орбиту Земли с 1966 г. в США в рамках программы «Орбитальная астрономическая обсерватория» (ОАО). Первый советский ультрафиолетовый телескоп с диаметром 80 см был выведен на орбиту Земли в 1983 г.

Инфракрасные телескопы эффективны для наблюдений небесных тел с высот от 10 до 40 км, поэтому они размещаются на аэростатах и специально оборудованных самолетах. Систематические исследования в ИФ-диапазоне проводятся в США на самолетной обсерватории имени Дж. Койпера, где установлен ИФ-телескоп с диаметром 1 м.

Первый космический инфракрасный телескоп был создан специалистами США, Великобритании и Нидерландов. На орбиту Земли инфракрасный телескоп был выведен в 1983 г. и функционировал по критериям технического состояния как беспилотный космический летательный аппарат орбитальный спутник (сателлит) Земли класса ИРАС, или БКЛА ОСЗ класса ИРАС. В 1995 г. был выведен на околоземную орбиту инфракрасный телескоп, созданный специалистами Европейского космического агенства.

Рентгеновские телескопы. Первый рентгеновский телескоп создали специалисты США в 1970 г. доставили его на орбиту Земли в составе приборов первого рентгеновского спутника-обсерватории «Ухуру». В 1987 г. специалистами СССР были доставлены на орбитальную космическую станцию «Мир» 4 рентгеновских телескопа с высокой разрешающей способностью. Первый гамма детектор-телескоп был выведен на орбиту специалистами НАСА США в 1991 г.

Рентгеновский диапазон и гамма-диапазоны электромагнитных излучений небесных тел впервые исследовались не телескопами, а приборами для их регистрации, которые размещались в составе приборов космических летательных аппаратов. Впервые приборы таких классов были размещены на искусственном спутнике Земли класса «Explorer 11» (США) в 1961 г.

В период 1961 г. до 2013 г. приборы регистрации электромагнитных излучений в рентгеновском и гамма-диапазонах электромагнитного излучения небесных тел размещались на 121 космическом летательном аппарате, созданных специалистами различных государств.

Дополнительно к приборам на космических летательных аппаратах астрономические объекты исследуются в рентгеновском диапазоне методами размещения приборов на стратосферных зондах и на ракетах, запущенных на суборбитальную высоту.

Космические летательные аппараты в астрономии

Для исследования физических и химических свойств космических тел Солнечной системы, состояний галактики Млечный Путь и наблюдений за иными классами галактик эффективно используются высокосложные приборы, размещённые на космических летательных аппаратах (КЛА).

Государствами и международными сообществами созданы и функционируют научные организации по проблемам астрономического познания объектов космоса и практического применения достижений космонавтики. Основные космические организации – НАСА США; ЕКА (ESA).

НАСА США – Национальное управление по аэронавтике и исследованию космического пространства (НАСА) США, созданное в 1958 г. и состоящее из 10 специализированных центров. ЕКА (ESA) – Европейское космическое агентство – межправительственная организация европейских государств, основанная в 1975 г., состоящая из 15 государств и одного ассоциированного члена – Финляндии.

В современной астрономии **90% первичной наблюдательной информации об объектах космоса** поступает с приборов двух типов (классов) беспилотных космических летательных аппаратов: беспилотный космический летательный аппарат автоматическая межпланетная станция-зонд;

беспилотный космический летательный аппарат орбитальный спутник Земли.

Пилотируемые космические летательные аппараты доставляют учёным 10% первичной наблюдательной информации об объектах космоса. Впервые применили приборы для астрономических исследований на беспилотной автоматической межпланетной станции-зонд (БКЛА АМС-зонд) класса «Луна» специалисты СССР в 1957 г. Лидеры современных астрономических исследований и достижений с 80-х гг. 20 в. и поныне – учёные США.

Все классы космических летательных аппаратов доставляются в космос с поверхности Земли с начала освоения космоса 4 октября 1957 г. посредством применения специализированной ракетной техники. Созданы два класса ракетной техники космического назначения: одноразовая ракета-носитель; многоразовая техника выведения космического летательного аппарата в космос и возвращения его на поверхность Земли.

Ракеты-носители применяются как основное средство для выведения в космос космического летательного аппарата научными коллективами государств, осуществляющих исследования космоса приборами, вынесенными за пределы атмосферы Земли или за пределы её нижних слоёв (частей). После выведения космического летательного аппарата в космос ракета-носитель самоуничтожается под действием плотных частиц атмосферы Земли. Выведенные в космос ракетой-носителем космических летательных аппаратов после определённого периода работы, функционирования также саморазрушается под действием космических факторов.

Многоразовая техника выведения космического летательного аппарата в космос и его возвращения на поверхность Земли обеспечивает использование космических аппаратов для выведения в космос и возвращения на поверхность Земли более одного использования. Техника такого класса создана и использовалась с 1981 по 2011 гг. специалистами США. Специалисты США назвали свою техническую систему МТКС «Спейс Шаттл» – многоразовая транспортная космическая система «Спейс Шаттл». Понятие «Спейс Шаттл» переводится с английского языка на русский язык понятием «Космический челнок».

Техника для выведения пилотируемого космического летательного аппарата в космос и возвращения его на Землю по системе «Спейс Шаттл» может функционировать до 20-25 применений. После выполнения программы полёта на орбите Земли в качестве орбитального спутника (сателлита) Земли «шаттл» возвращается на Землю по закономерностям полёта космического самолёта с посадкой на специальном аэродроме.

В 1981 г. с использованием МТКС «Спейс Шаттл» впервые в истории человечества на земную орбиту был доставлены астрономические приборы на пилотируемом МТКС класса «Колумбия», который некоторое время функционировал в режиме искусственного спутника Земли. С 1981 г. специалисты США создали шесть классов космических летательных аппаратов системы «Спейс Шаттл»: «Атлантис»; «Дискавери»; «Индевор»; «Колумбия» (обозначение – STS-1); «Челленджер»; «Энтерпрайз».

Основные классы космических летательных аппаратов по критерию присутствия на них человека: беспилотный космический летательный аппарат (БКЛА); пилотируемый космический летательный аппарат (ПКЛА).

Классы космических летательных аппаратов по критерию возвращения на поверхность Земли: возвращаемый беспилотный космический летательный аппарат автоматическая межпланетная станция-зонд класса; невозвращаемый беспилотный космический летательный аппарат автоматическая межпланетная станция-зонд класса; пилотируемый космический летательный аппарат.

Основные классы космических летательных аппаратов по критерию присутствия на орбите Земли или в пределах гравитационного поля иных небесных тел: БКЛА АМС-зонд, или беспилотный космический летательный аппарат автоматическая межпланетная станция-зонд, или автоматическая межпланетная станция (АМС);

беспилотный космический летательный аппарат орбитальный спутник (сателлит) Земли, или БКЛА орбитальный спутник Земли (БКЛА ОСЗ);

беспилотный космический летательный аппарат околоземная космическая обсерватория (БКЛА ОКО);

пилотируемый космический летательный аппарат орбитальный спутник Земли (ПКЛА ОСЗ);

орбитально-лунный пилотируемый космический летательный аппарат (ОЛ ПКЛА), или пилотируемый космический летательный аппарат на орбите Луны.

На орбитах космических объектов за пределами орбит Земли и Луны не находился ни один пилотируемый космический летательный аппарат. По версии специалистов НАСА США, в период с 1968 г. по 1972 г. на орбите Луны находились 11 пилотируемых космических летательных аппаратов класса «Аполлон» с порядковыми номерами от 7 по 17, созданных специалистами США. Космонавты (аэронавты) пилотируемого космического летательного аппарата класса «Аполлон 11» 16 июля 1969 г. впервые совершили посадку на поверхность Луны. Пилотируемые космические летательные аппараты классов «Аполлон» с порядковыми номерами 11, 12, 14,

15, 16, 17 шесть раз доставляли специалистов США для исследования Луны на её поверхности.

Объекты космоса, исследуемые с применением приборов беспилотных космических летательных аппаратов автоматическая межпланетная станция-зонд (БКЛА АМС-зонд) различных классов: естественный сателлит (спутник) Земли – Луна; планеты Солнечной планетной системы, или Солнечной системы; Солнце; астериоды Солнечной системы; кометы Солнечной системы; солнечный ветер Солнечной системы; звёздные системы галактики Млечный путь и иных классов галактик; свойства галактики Млечный Путь; свойства объектов иных классов галактик Вселенной; астрометрические величины.

Исследования Луны космическими летательными аппаратами

Луна – естественный сателлит Земли – исторически первый объект астрономического познания с применением приборов беспилотных космических летательных аппаратов. Первый в истории астрономии и культуры человечества БКЛА АМС-зонд класса «Луна-1» был создан и доставлен ракетой-носителем специалистами СССР в 1959 г.

Луну к началу 21 века исследовали приборами более 50 беспилотных и пилотируемых аппаратов, созданных в 20 в. учёными СССР и США. В 21 веке Луна исследуется беспилотными космическими летательными аппаратами, созданными специалистами НАСА США, ЕКА (ESA), КНР, Японии, Индии. С 1976 г. СССР и Россия не имеют программ исследования Луны с применением всяких классов космических летательных аппаратов.

В СССР для исследования Луны по пролётным траекториям в 1959-1976 гг. были использованы 24 БКЛА АМС-зонд классов «Луна» с порядковыми номерами от 1 по 24. Многие результаты в исследовании Луны советскими учёными были первыми в истории астрономии, в том числе, успешная доставка на поверхность Луны и последующая работа самоходных лабораторий «Луноход 1» в 1970 г. и «Луноход 2» в 1973 г.

С исследованием Луны связаны первые уникальные достижения при использовании пилотируемых космических летательных аппаратов, созданных специалистами НАСА США по космической программе «Аполлон». По этой программе в 1968-1972 гг. были созданы одиннадцать орбитальные лунных пилотируемых космических летательных аппаратов классов «Аполлон» с порядковыми номерами от 7 по 17. Космонавты США доставили для исследований 380 кг лунного грунта.

В 90-е годы 20 в. Луна исследовалась тремя беспилотными космическими летательными аппаратами автоматическая межпланетная станция-зонд (БКЛА АМС-зонд), созданных учёными Японии и США. Специалисты Японии обеспечили функционирование одного аппарата класса «Hiten» в 1990 г. Специалисты НАСА США создали 2 БКЛА АМС-зонд, в том числе, класса «Clementine» (1994 г.) и класса «Lunar Prospector» (1998 г.).

В 21 веке по состоянию на 2013 г. Луна исследовалась четырьмя беспилотными космическими летательными аппаратами автоматическая межпланетная станция-зонд (БКЛА АМС-зонд). созданных специалистами Японии, КНР и КНР, а также 4-мя беспилотными космическими летательными аппаратами лунный орбитальный зонд (БКЛА ЛОЗ) на селеноцентрической орбите, созданных специалистами Европейского космического агенства и США.

Специалисты Японии исследовали Луну приборами одного БКЛА АМС-зонд класса «Кагуя» в 2007 г. Учёные КНР создали 2 БКЛА АМС-зонд классов «Чанъэ-1» в 2007 г. и «Чанъэ-2» в 2010 г. Учёные Индии достигли успеха полёта к Луне одного БКЛА АМС-зонд класса «Чандраян-1». Астрономы США обеспечили работу одного БКЛА АМС-зонд класса «GRAIL» в 2011 г.

Исследования Луны в 21 в. осуществлялись также приборами четырьмя беспилотными космическими летательными аппаратами лунный орбитальный зонд (БКЛА ЛОЗ) на селеноцентрической орбите, созданных специалистами Европейского космического агенства и США.

Специалисты Европейского космического агенства исследовали Луну приборами одного БКЛА ЛОЗ класса «Смарт-1» в период 2003-2006 гг.

В 2012 г. на лунной орбите работали два БКЛА ЛОЗ классов «GRAIL-A» («Эбб» «Ebb», «отлив») и класса «GRAIL-B» («Флоу», «Flow», «прилив»), созданные специалистами НАСА США.

В 2009 г. специалисты НАСА США для исследования Луны вывели на её обриту БКЛА ЛОЗ класса «Lunar Reconnaissance Orbiter» (LRO, «Лунный разведывательный орбитер»). В составе комплекса LRO находился аппарат «LCROSS», или «Спутник для изучения внутренней структуры лунного кратера» (Lunar Crater Observation and Sensing Satellite).

К сорокалетию полёта пилотируемого космического летательного аппарата класса «Аполлон-11» в 1969 г. беспилотный космический летательный аппарат лунный орбитальный зонд LRO в июле 2009 г. провёл съёмку районов посадок лунных модулей аппаратов космической программы «Аполлон».

Приборы LRO провели фотографирование и передачу первых в истории космонавтики детальных орбитальных снимков лунных модулей, посадочных площадок и элементов оборудования, следов тележки и ровера, следов обуви астронавтов на участках пяти из шести мест посадок космических аппаратов «Аполлон» с номерами 11, 14, 15, 16, 17. Эти фотографии оцениваются специалистами как доказательство фактов посадок астронавтов США на поверхность Луны в 1969-1972 гг.

9 октября 2009 от БКЛА ЛОЗ класса «LRO» отделились космический летательный аппарат LCROSS и его разгонный блок «Центавр». После отделения от LRO оба космических аппарата упали на поверхность Луны в кратер Кабеус. Приборы этих космических аппаратов обнаружили в кратере Кабеус водяной лёд.

На начало 2013 г. на орбите Луны эффективно функционирует уникальный БКЛА лунный орбитальный зонд класса «Лунный разведывательный орбитер» (LRO). Приборы этого искусственного сателлита Луны осуществляют полное картографирование поверхности Луны с минимальной нижней точки орбиты в 45 км над уровнем лунной поверхности. В составе приборов LRO установлен один из приборов, созданный специалистами России – нейтронный детектор ЛЕНД.

Самые точные сведения о Луне получены приборами БКЛА лунный орбитальный спутник класса «Смарт 1», функционировавший на орбите Луны в 2003-2006 годы.

Исследования планет Солнечной системы космическими летательными аппаратами

Планету **Марс** исследовали более 16 БКЛА АМС-зонд нескольких классов – «Марс», «Викинг», «Маринер», «Фобос», «Марс Пасфайндер», «Марс Глобал Сервейор», «Марс Риконисенс Орбитер», «Марс Экспресс» и иных,– созданных специалистами СССР и США.

Первый в истории астрономии БКЛА АМС-зонд класса «Марс 1» был доставлен к Марсу в 1962 г. специалистами СССР. В СССР для исследования Марса были использованы 10 классов БКЛА АМС-зонд: 7 БКЛА АМС-зонд классов «Марс» с порядковыми номерами от 1 по 7; 2 БКЛА АМС-зонд классов «Фобос» с порядковыми номерами от 1 по 2; 1 БКЛА АМ-зонд класса «Зонд 2». С 1988 г. по 2010 г. СССР и Россия не имеют программ исследования Марса с применением всяких классов космических летательных аппаратов. В 2011 г. специалисты России пытались реализовать программу «Фобос-Грунт-1», но космический корабль сгорел в земной атмосфере.

Основные достижения в познании планеты Марс получены специалистами НАСА США. Первые снимки поверхности Марса получены БКЛА АМС-зонд класса «Маринер 4» в 1965 г. по пролётной траектории. Первые карты поверхности Марса получены на основе исследований приборами БКЛА АМС-зонд класса «Маринер 9» в 1971 г. по траектории первого искусственного сателлита Марса.

В 1976 г. были осуществлены успешные посадки на поверхность Марса спускаемых аппаратов с БКЛА АМС-зонд классов «Викинг 1» и «Викинг 2», которые впервые вышли на марсианские орбиты в 1976 г.

За период орбитального функционирования БКЛА АМС-зонд класса «Марс Глобал Сервейор» в режиме искусственного сателлита Марса с 1997 г. по 2006 г. получено около 240 тыс. снимков поверхности Марса с высоким разрешением.

С февраля 2009 г. на орбите Марса функционируют три искусственных сателлита «Марс Одиссей», «Марс-экспресс», «Марсианский разведывательный спутник».

На поверхность Марса специалистами НАСА США в 1997 г. доставлен марсоход, или самоходная лаборатория «Соджонер» первого поколения. В 2004 г. на поверхности Марса совершили посадку два марсохода второго поколения. Один из них – MER-F Спирит – функционировал 6 лет. Второй марсоход – MER-B Оппорттьюнити – функционирует поныне. В период с мая по ноябрь 2008 г. на поверхности Марса функционировала автоматическая марсианская станция «Феникс». С 6 августа 2012 г. на Марсе работает марсоход третьего поколения «Кьюриосити».

С августа 2012 г. после посадки на поверхности Марса работает самый большой и сложный в истории космонавтики марсоход (ровер) Curiosity («Любопытство»), доставленный специалистами НАСА. В составе приборов марсохода функционирует российский прибор ДАН («Динамическое альбедо нейтронов»).

Планету **Венера** обследовали по результатам выполнения и невыполнения научных программ пролётной или орбитальной траекторий 29 БКЛА АМС-зонд классов «Венера», «Вега», «Маринер», «Пионер-Венера», «Магеллан» и иных,– созданных специалистами СССР, США, Европейского космического агенства (ESA (ЕКА) в 2005 г.) и Японии (2010 г.).

Первая в истории астрономии БКЛА АМС-зонд класса «Венера 1» впервые в 1961 г. исследовала Венеру с расстояния пролёта около 100 тыс. км; её успешный полёт осуществили специалисты СССР.

В СССР для исследования Венеры были использованы 18 БКЛА АМС-зонд разных классов: 16 БКЛА АМС-зонд классов «Венера» с порядковыми номерами от 1 по 16; 2 БКЛА АМС-зонд классов «Вега» с порядковыми номерами от 1 по 2. Выдающиеся достижения: первая в истории науки посадка спускаемого аппарата БКЛА АМС-зонд класса «Венера 7» на ночную сторону поверхности Венеры; первые искусственные спутники (сателлиты) Венеры – БКЛА АМС-зонд классов «Венера 9», «Венера 10» – в 1975 г.; иные результаты. С 1984 г. СССР и Россия не имеют программ исследования Венеры с применением всяких классов космических летательных аппаратов. В 2016 г. Роскосмос планирует посадку на поверхность Венеры автоматическую межпланетную станции «Венера-D».

Основные достижения в познании планеты Венера получены специалистами НАСА США. Первая карта поверхности Венеры получена в 1980 г. специалистами Американской геологической службы на основе детальных исследований Венеры приборами БКЛА АМС-зонд класса «Пионер-Венера 1» в 1978 г. «Пионер-Венера 1» работал искусственным сателлитом Венеры в 1978-1992 гг.

Более полная детальная карта поверхности Венеры получена в 1997 г. специалистами Американской геологической службы на основе детальных исследований Венеры приборами БКЛА АМС-зонд класса «Магеллан». Самые совершенные снимки всей поверхности Венеры с разрешением до 300 м получены приборами БКЛА АМС-зонд класса «Магеллан» в период его орбитального обращения вокруг Венеры в 1989-1994 гг. в качестве искусственного сателлита.

В апреле 2006 г. искусственным сателлитом Венеры стал БКЛА АМС-зонд класса «Venus Express», или «Венера Экспресс», созданный специалистами ESA (ЕКА) и запущенный в ноябре 2005 г с российского космодрома Байконур в Казахстане.

Планету **Меркурий** исследовали приборы двух БКЛА АМС-зонд классов «Маринер 10» и «Мессенджер», созданных специалистами НАСА США. Впервые в 1974-1975 гг. БКЛА АМС-зонд класса «Маринер 10» трижды пролетал мимо Меркурия на расстояниях 703-48069 км от поверхности планеты. Полученные результаты: телевизионные изображения 45% поверхности планеты с максимальным разрешением некоторых деталей до 100 м, определение химического состава атмосферы и иные свойств.

Первый облёт Меркурия по орбитальной траектории совершил в 2008 г. БКЛА АМС-зонд класса «Мессенджер». Начиная с марта 2011 г., этот аппарат является искусственным сателлитом Меркурия. В 2012 г приборы АМС-зонд класса «Мессенджер», функционирующего искусственным сателлитом Меркурия, установили участки льда на дне глубоких кратеров на северном полюсе Меркурия и сделали новые точные фотографии планеты с её орбиты.

Первая карта поверхности Меркурия получена в 1980 г. специалистами на основе детальных исследований Меркурия приборами БКЛА АМС-зонд класса «Маринер-10».

В 2013 г. специалисты Японии и Европейского космического агенства (ЕКА) готовят запуск двух беспилотных космических летательных аппаратов автоматическая межпланетная станция-зонд (БКЛА АМС-зонд) на орбиту Меркурия. СССР и Россия не имеют программ исследования Меркурия с применением БКЛА АМС-зонд или иных классов.

Планеты-гиганты – Юпитер, Сатурн, Уран, Нептун – изучались беспилотными космическими летательными аппаратами автоматическая межпланетная станция-зонд (БКЛА АМС-зонд) нескольких классов. БКЛА АМС-зонд классов «Пионер-10», «Пионер-11», «Вояджер-1», «Вояджер-2», БКЛА АМС-зонд класса «Галилео» созданы специалистами НАСА США в .

БКЛА АМС-зонд класса «Кассини-Гюйгенс» создан специалистами НАСА США, ESA (ЕКА) и Итальянского космического агенства (ISA).

БКЛА АМС-зонд класса «Пионер-10» был направлен 3 марта 1972 г. для исследования Юпитера в режиме пролёта около Юпитера. С расстояния 131 тыс. км от повехности Юпитера «Пионер-10» впервые произвёл 80 снимков планеты, исследовал околопланетное пространство, свойства Юпитера и его естественных сателлитов, пересёк в 1993 г. орбиту Нептуна и вышел за пределы гравитационного влияния планет Солнечной системы, удаляясь от Солнца.

БКЛА АМС-зонд класса «Пионер-11» был направлен 6 апреля 1973 г. для исследования Юпитера и Сатурна с пролётного расстояния. «Пионер-11» исследовал Юпитер с пролётного расстояния 42,8 тыс. км, сблизился с Сатурном, пересёк в 1993 г. орбиту Плутона и вышел пределы гравитационного влияния планет Солнечной системы, удаляясь от Солнца.

БКЛА АМС-зонд классов «Вояджер-1» и «Вояджер-2» были направлены к планетам-гигантам по программе космических исследований с названием «Большой тур».

При организации последовательного изучения Юпитера, Сатурна, Урана и Нептуна с применением БКЛА АМС-зонд класса «Вояджер-1» и «Вояджер-2» специалисты НАСА оптимально использовали взаимное расположение тел на орбитах Земли и исследуемых планет-гигантов. Фактор оптимального использования расположения объектов на орбите планеты Земля и на орбитах планет-гигантов для космических полётов возник в период с 1976 г. по 1978 г. Специалисты предполагает его возможное повторение через 179 лет.

Силы тяготения планет-гигантов были использованы учёными США для разгона и поворотов трассы полётов двух БКЛА АМС-зонд классов «Вояджер-1» и «Вояджер-2». В результате перелёт к планете Уран был осуществлён за 9 лет, а не за 16 лет по стандартному сроку полёта с Земли до Урана. Перелёт с Земли до Нептуна – за 12 лет, а не за 20 лет по стандартному сроку полёта.

«Вояджер-2» отправился к Юпитеру по медленной траектории 20 августа 1977 г. и исследовал Юпитер в 1979 г, Сатурн – в 1981 г., Уран – в 1986 г., Нептун – в 1989 г. «Вояджер-1» отправился к Юпитеру по быстрой траектории 5 сентября 1977 г. и исследовал Юпитер в 1979 г, Сатурн – в 1980 г.

Планета-гигант **Сатурн** исследовалась с 1979 г. по пролётной траектории приборами четырёх космических аппаратов: трёх БКЛА АМС-зонд классов «Пионер-11», Вояджер-1», «Вояджер-2», созданных специалистами НАСА США; одного БКЛА АМС-зонд класса «Кассини-Гюйгенс», созданный специалистами НАСА США, ESA (ЕКА) и Итальянского космического агенства (ISA).

Первые снимки Сатурна и его колец были получены в сентябре 1979 г. приборами БКЛА АМС-зонд класса «Пионер-11» с пролётной траектории на расстоянии 21400 км от слоя максимальной облачности атмосферы планеты. В 1980 г. приборами БКЛА АМС-зонд класса «Вояджер-1» с пролётной траектории были получены более точные снимки планеты, а с расстояния 6500 км были получены снимки и информация о сателлите Сатурна – Титане. В 1980 г. приборами БКЛА АМС-зонд класса «Вояджер-2» с пролётной траектории было получено 16 тысяч фотографий Сатурна, многие его сателлиты с их свойствами.

С июля 2004 г. на орбиту Сатурна был выведен АМС-зонд «Кассини-Гюйгенс» в качестве первого искусственного сателлита, приборы которого создали значительный объём информации о Сатурне и его сателлитах. Имеется совместный проект НАСА и ЕКА о запуске нового АМС к Сатурну и его стественным сателлитам.

Планета-гигант **Нептун** исследовалась приборами одного БКЛА АМС-зонд класса «Вояджер-2» в 1989 г. по пролётной траектории. Результаты: с расстояния 4400 км от атмосферы Нептуна были получены первые его фотографии; открыты 6 его спутников из известных к 2013 г. 13 сателлитов, кольцевую систему; исследование магнитного поля; устойчивый шторм-антициклон; иные свойства.

Планета-гигант **Уран** исследовалась приборами одного БКЛА АМС-зонд класса «Вояджер-2» в 1986 г. по пролётной траектории. Результаты: передача первых снимков Урана от поверхности планеты на расстоянии 81 500 км; обнаружение 10 естественных сателлитов Урана; фотографирование пяти сателлитов Урана; выявление 2-х колец Урана; исследование структуры и состава атмосферы планеты; исследование магнитосферы и магнитного поля Урана. В 2020 г. НАСА США готовит запуск к Урану нового космического летательного аппарата.

Планета-гигант **Юпитер** исследовалась с 1973 г. специалистами НАСА США. Учёные США исследовали Юпитер приборами БКЛА АМС-зонд различных классов по пролётной траектории и в режиме искусственного сателлита Юпитера. По пролётной траектории Юпитер исследовался приборами БКЛА АМС-зонд семи классов: «Пионер-10», «Пионер-11», «Вояджер-1», «Вояджер-2», «Улисс», «Кассини-Гюйгенс», «Новые горизонты».

В период 1995-2003 гг. на орбите Юпитера в качестве искусственного сателлита работал БКЛА АМС-зонд класса «Галилео». В период его работы в атмосферу Юпитера был доставлен спускаемый аппарат. Результаты: десятки тысяч фотографий и современная информация о планете и его естественных сателлитах.

Карликовая планета **Плутон** ещё не исследовалась посредством приборов БКЛА и иных классов межпланетных космических летательных аппаратов. В январе 2006 г. к Плутону вылетел БКЛА АМС-зонд класса «New Horizons» («Новые горизонты») НАСА США с прибытием в окрестности Плутона в июле 2015 г.

Исследования комет космическими летательными аппаратами

Первое исследование кометы в Солнечной системе осуществлено специалистами США приборами беспилотного космического летательного аппарата автоматическая межпланетная станция-зонд (БКЛА АМС-зонд) класса ISE (ISEE). во время пролёта возле кометы Джакобини-Зиннера на расстоянии 7862 км в звёздные системы галактики Млечный путь и иных классов галактик. В 1986 г. были исследованы свойства кометы Галлея приборами космических летательных аппаратов «Вега-1» и «Вега-2», созданых специалистами СССР, а также «Джотто», созданного специалистами западноевропейских государств (ESA).

В 2005 космический аппарат НАСА США «Дип Импакт» сбросил на комету Темпеля 1 зонд и передал изображения её поверхности.

Исследования астероидов космическими летательными аппаратами

Первое исследование астероидов в Солнечной системе осуществлено специалистами НАСА США в 1991 г. приборами БКЛА АМС-зонд класса «Галилей». Специалисты НАСА провели исследования и снимки астероидов системы Гаспра в период пролёта БКЛА АМС-зонд класса «Галилей» на расстоянии 1605 км от группы астероидов этой системы. В 2001 г. специалисты НАСА США провели первые исследования поверхности астероида Эрот приборами БКЛА АМС-зонд класса NEAR, совершившего посадку на этот астероид. Астероиды 21 в. исследовались также космическими летательными аппаратами Японии (2010), КНР (2012), США(2011).

Исследования Солнца космическими летательными аппаратами

Солнце – звезда Солнечной планетной системы – исследовалась и исследуется приборами КЛА специализированных исключительно на Солнце аппаратов, а также космическими аппаратами многонаправленного действия. В настоящее время систематические исследования Солнца проводят 14 специализированных БКЛА автоматическая межпланетная станция-зонд следующих классов; 4 аппарата класса «Пионер» с порядковыми номерами 6,7,8,9; GGS WIND; SOHO; ACE; TRACE; RHESSI; Hinode; Proba-2; STEREO; SDO; Picard.

На начало 2013 г. исследования Солнца прекратили 17 беспилотных космических летательных аппаратов БКЛА автоматическая межпланетная станция-зонд (БКЛА АМС-зонд) следующих классов: Гелиос; 3 аппарата ISEE с номерами 1, 2, 3; SolarMax; Улисс; Yohkoh; Пионер-5; 8 аппаратов класса Orbiting Solar Observatory с номерами от № 1 по № 8; Genesis; Коронас-Фотон (СССР); «Иоко» (Япония).

Новейшие сведения о Солнце поступали от следующих космический летательный аппарат многонаправленного действия: БКЛА АМС-зонд класса «Пионер-10»; БКЛА АМС-зонд класса «Пионер-11»; БКЛА АМС-зонд класса «Вояджер 1»; БКЛА АМС-зонд класса «Вояджер 2»; БКЛА АМС-зонд класса «IBEX».

В частности, БКЛА АМС-зонд классов «Пионер-10», «Пионер-11», «Вояджер-1», «Вояджер-2» во время полёта в пределах Солнечной системы регистрировали силу магнитного поля, скорости и иные свойства частиц её пространства, работали по уточненю границ гелиосферы – границы Солнечной системы.

Беспилотный космический летательный аппарат орбитальная космическая обсерватория (БКЛА ОКО) класса «Улисс» создана специалистами НАСА США и ESA (ЕКА), функционировала в режиме искусственный сателлит Солнца в пределах Солнечной системы с 1990 г по 2009 г.

Основные результаты научных исследований «Улисс»: три полных оборота по траектории обращения вокруг Солнца; открытие факта ослабления космического солнечного ветра с начала космических наблюдений за ним; исследование свойств солнечного ветра; составление карты гелиосферы – пространство вокруг Солнца, заполненное солнечным ветром и магнитными полями; регистрация 1800 гамма-всплесков объектов галактик; исследования состава комет в период сближения с ними; иные результаты.

БКЛА АМС-зонд класса «IBEX», созданный специалистами НАСА США, получил информацию, достаточную для составления первой глобальной карты Солнечной системы. Важнейшее открытие – установление свойств границы гелиосферы. Важнейшие из этих свойств: энергия гелиопояса составляет 200-700 Эв (электронвольт), внешняя граница гелиосферы состоит из нейтральных атомов с плотностью в 2-3 раза более плотности близких участков, внутреннее содержание гелиосферы состоит из частиц солнечного ветра, через внешнюю границу проникают частицы из внесолнечного космического пространства.

Исследования Солнца и объектов Солнечной системы проводятся также приборами **многофункциональных космических летательных аппаратов**:

беспилотный космический летательный аппарат земная орбитальная космическая станция (БКЛА ЗОКС);

пилотируемый космический летательный аппарат земная орбитальная космическая станция (ПКЛА ЗОКС).

Приборы многофункциональных космических летательных аппаратов исследуют свойства Солнечной системы в целом, свойства её планет и иных видов небесных тел и излучений, ведут наблюдения за звёздами галактик, решают народнохозяйственные и цивилизационные проблемы.

Начало исследований космоса приборами первой БКЛА ЗОКС класса «Салют 1» осуществили специалисты СССР в 1971 г. Всего специалисты СССР создали 7 БКЛА ЗОКС и ПКЛА ЗОКС классов «Салют» с порядковыми номера от 1 по 7, которые функционировали на земной орбите в 1971-1985 гг.

БКЛА ЗОКС класса «Мир», созданный специалистами СССР и России, исследовал объекты космоса и Землю в 1986-2001 гг. в режимах беспилотного и пилотируемого функционирования.

С 2001 г. в России нет программ исследования космоса с применением БКЛА ЗОКС и ПКЛА ЗОКС собственного производства.

БКЛА ЗОКС класса «Скайлэб», созданный специалистами США, функционировал в 1973-1979 гг.

Первые классы БКЛА ЗОКС и ПКЛА ЗОКС были созданы в двух государствах – СССР и США.

С 1998 г. государствами человечества создан пилотируемый космический летательный аппарат земная орбитальная космическая станция класса «Международная космическая станция» – ПКЛА ЗОКС класса МКС.

Первый экипаж был доставлен на МКС 2 ноября 2000 г. На начало 2013 г. на ней работали 34 экспедиций (групп) космонавтов.

Исследования звёзд галактик и иных объектов Вселенной с применением космических летательных аппаратов

Познание свойств индивидуальныз звёзд, звёздных систем и иных состояний галактик и Вселенной проводятся систематически с применением приборов различных классов космических летательных аппаратов. Множество космических летательных аппаратов для познания объектов галактик и Вселенной на начало 2013 г. составляют: беспилотный космический летательный аппарат автоматическая межпланетная станция-зонд (БКЛА АМС-зонд); беспилотный космический летательный аппарат орбитальный спутник Земли (БКЛА ОСЗ), пилотируемый космический летательный аппарат земная орбитальная космическая станция класса «Международная космическая станция» (ПКЛА ЗОКС класса МКС); беспилотный космический летательный аппарат орбитальная космическая обсерватория (БКЛА ОКО).

Например, БКЛА АМС-зонд «Вояджер-1» (англ. Voyager-1) исследует Солнечную систему и её окрестности с 5 сентября 1977 года. На начало февраля 2013 года БКЛА АМС-зонд «Вояджер-1» находился на расстоянии в 123, 232 астрономических единиц, или 18, 435 млрд. км от Солнца. Все результаты астрономических исследований данного технического средства космической деятельности специалистов НАСА США являются безотносительно уникальными в истории человечества.

БКЛА ОКО класса космический оптический телескоп «Хаббл» функционирует на околоземной орбите с 1991 г. В 1992 г. специалисты НАСА США провели регистрацию приборами БКЛА АМС ИСЗ класса COBE колебаний остаточной космической радиации, оценённой специалистами доказательством космологической концепции «Большой Взрыв». В 1991-1993 гг. произошло открытие в космических экспериментах с применением приборов космических летательных аппаратов «Реликт-1» (СССР), COBE (США) флуктуаций реликтового излучения Вселенной в угловых масштабах около 10 градусов.

С 1989 г. по 1993 г. Европейское космическое агенство ESA (ЕКА) реализовало самую совершенную в истории астрономии астрометрическую программу «Гиппаркос» на беспилотном космическом летательном аппарате орбитальная станция Земли (БКЛА ОСЗ) класса «Сателлит сбора высокоточных параллаксов». В программе участвовали более 30 институтов и лабораторий государств. Результаты: создание высокоточных каталогов звёзд «Гиппаркос» и «Тихо», открытие многих тысяч новых двойных и кратных звёздных систем; самые высокоточные измерения астрометрических величин.

Важные параметры звёзд наблюдались приборами БКЛА ОСЗ класса «Гиппаркос» в течение 1989-1993 гг. и систематизировались до 1997 г. специалистами ESA. Проведённый с применением БКЛА ОСЗ класса «Гиппаркос» комплекс уникальных астрометрических наблюдений назван космический эксперимент «ГИППАРКОС» («HIPPARCOS»), или космическая астрометрическая программа «ГИППАРКОС» («HIPPARCOS»).

ПРОБЛЕМАТИКА И КОНЦЕПЦИИ АСТРОМЕ́ТРИИ Общая характеристика астроме́трии

Астроме́трия – множество астрономических наук о математических и эмпирических методах создания и совершенствования систем небесных координат для решения проблем ориентирования в пространстве, измерения и счёта времени, а также о и закономерностях движения небесных тел и вращения Земли.

Существует расширенная трактовка предмета астроме́трии как системы астрономической науки о геометрических, кинематических и динамических свойствах небесных тел. Расширительная трактовка предмета астроме́трии объединяет в составе астроме́трии исторически автономные астрономические науки – небесную механику, сферическую астрономию, традиционную астроме́трию.

По критерию применения космических летательных аппаратов для решения задач построения небесной системы координат и земной систем координат функционируют две специализации (науки): космическая, или глобальная астроме́трия; земная астроме́трия.

По критерию приоритета теории или практики различаются: теоретическая астроме́трия, или сферическая астроме́трия; прикладная астроме́трия, или практическая астроме́трия.

Теоретическая астроме́трия представляет собой математизированную систему вычислений истинных положений и движений космических объектов, наблюдаемых с Земли приборами или визуально. Видимые людьми движения небесных тел являются неистинными, иллюзорными по причинам постоянных движений Земли вокруг собственной оси и в космическом пространстве под действием сил гравитации.

Основные проблемы теоретической астрометрии:

установление и совершенствование фундаментальных астрономических постоянных с применением математических расчётов и наблюдений приборами за объектами космоса и небесной сферы;

определение и изучение параметров вращения Земли, в особенности, неравномерности её вращения, движение полюсов по поверхности Земли и др.;

составление исходных и фундаментальных каталогов положений звёзд; создание инерциальной системы небесных координат;

создание фундаментальной системы небесных координат; обоснование барицентрической системы координат, в том числе барицентрического времени;

разработка методов наблюдения космических объектов специальными приборами с заданными параметрами;

обоснование взаимосвязи инерциальной системы координат небесных объектов с земными геодезическими и географическими системами координат, в том числе, определение географической долготы, определение географической широты, определение точных величин всемирного времени;

разработка методов точной навигации движущихся тел в воздухе, на воде и на суше;

определение (разработка) систем счёта времени;

разработка календарей и их уточнение.

Прикладная астроме́трия – астронаука о методах проведения астрономических наблюдений и измерений с использованием и совершенствованием специальных приборов и инструментов. В истории астрономии простейшими астрономическими инcтументами были следующие устройства: астролябии разных конструкций, секстант, квадрант, армилярная сфера, окулярный микрометр, маятниковые часы, пассажный инструмент, визирная астрономическая труба, меридианный круг, маятниковые часы и иные. Современные астрометрические приборы представляют собой разновидность сложных технических конструкций, размещаемых в специально оборудованных наземных обсерваториях или на космических летательных аппаратах.

Специалисты прикладной астроме́трии создавали в прошлом и совершенствуют в наше время методы более точных наблюдений и измерений физических и астроме́трических величин светящихся объектов космоса. Так как в основном светящимися объектами являются звёзды, то в прикладной астроме́трии преобладают исследования точных измерений звёздных величин. Прикладную астрометрию называют по этому признаку термином «**звёздная астрометрия**».

Исторически первыми достижениями первичных простейших астрометрических исследований были результаты наблюдений за звездами и национальные календари, появившиеся около 3 тысячелетия до новой эры в цивилизациях Древнего Египта и Месопотамии. Современная астрометрия начинается с **18 в.** и связана с исследованиями астронома из Великобритании Джеймса Брадлея (1863-1762), который провёл в Гринвичской астрономической обсерватории, построенной в 1675 г., систематические наблюдения и измерения 3268 звёзд, применяя усовершенствованные инструменты – стенной квадрант и пассажный инструмент, а также открыл нутацию оси Земли и аберрацию света.

В 20 в. выдающимся достижением прикладной астрометрии является систематические наблюдения в околоземном космическом пространстве приборами беспилотного космического летательного аппарата орбитальный спутник Земли класса «Гиппаркос» важнейших для астрометрии характеристик звёзд: медиальная точность положений, или положений, звёзд; медиальная точность параллаксов, или параллаксов звёзд; собственные движения звёзд.

Названные параметры звёзд и иные их характеристики наблюдались приборами беспилотного космического летательного аппарата класса «Гиппаркос» в течение 1989-1993 гг. и систематизировались до 1997 г. специалистами Европейского космического агентства. Проведённый комплекс уникальных астрометрических наблюдений называется космический эксперимент «ГИППАРКОС» («HIPPARCOS»), или космическая астрометрическая программа «ГИППАРКОС» («HIPPARCOS»).

В период наблюдений за звездами приборами беспилотного космического летательного аппарата орбитальный спутник Земли класса «Гиппаркос» были проведены единственные в своём роде исследования, в том числе: непрерывное сканирование небесной сферы; одновременное наблюдение двух полей зрения, разнесённых на большой угол; совместная редукция результатов наблюдений; иные инновационные научные действия. Некоторые важнейшие результаты астрометрических исследований по программе «ГИППАРКОС» («HIPPARCOS»):

создание каталога HIPPARCOS с результатами измерений координат, тригонометрических параллаксов и параметров собственных движений 118218 звёзд средней звёздной величины V=8,5 с точностью до 0,02", или 2 дуговые микросекунды, или с точностью всех астрометрических параметров около 1 микросекунды на эпоху J1991.25;

построение по астрометрической программе «Тихо» («Tycho») каталога высокоточных положений и двухцветной фотометрии 1058332 звёзд со средней плотностью 25 звёзд на квадратный радиус;

создание на основе программы «Тихо» («Tycho») нескольких массовых каталогов звёзд: Опорный каталог Тихо, или TRC; каталог ACT; каталог Tycho 2;

решение важных актуальных задач создания стандартной опорной небесной системы координат и стандартной опорной земной системы координат.

Группа российских астрономов из МГУ разработала научную программу высокоточных наблюдений за космическими объектами вне Солнечной системы приборами беспилотного космического летательного аппарата орбитальный спутник Земли, на котором будет размещён космический высокоточный прибор – интерферометр-дугомер «ОЗИРИС». Посредством данного прибора и методики его использования в рамках научной программы «ОЗИРИС» учёные способны выполнить самые современные наблюдения, необходимые для решения современных проблем астрометрии и астрономических наук в целом.

Концепции инерциальной системы координат в астрометрии

Проблема совершенствования методов построения астрономической инерцальной системы координат небесных тел исследуется в основном на наблюдениях основных параметров звёзд. Именно звезды выступают небесными объектами, доступными для астрономического познания по причине их светимости; иные небесные тела Солнечной системы – планеты, кометы, астероиды, искусственные спутники Земли – светятся отражённым солнечным светом.

Исследования проблематики инерциальной системы координат небесных тел, или астрономической парадигмы инерциальной системы координат образует содержание автономной науки – «**позиционная астрометрия**».

Создание точной инерциальной, невращающейся системы координат оценивается специалистами астрометрии как важная проблема астрономических наук в целом. В инерциальной системе координат небесных тел устанавливаются исходные параметры **равномерного прямолинейного движения небесных тел без линейных и угловых ускорений**. Все объекты космоса и Земля совершают возвратно-поступательные движения, затрудняющие достижение состояния точного ориентирования людей и техники во времени и пространстве космоса. По этой причине проблема точного установления равномерного и прямолинейного движения небесных тел относится к традиционной и обязательной проблеме астроме́трии.

Стадии разработки инерциальной системы координат небесных тел: создание системы абсолютных определений координат звёзд; создание фундаментальной системы координат небесных тел, в основном звёзд; определение вращательного движения созданного варианта фундаментальной системы координат небеных тел на основе точности значений астрономических постоянных.

Обязательным элементом инерциальной системы координат небесных тел выступают астрономические каталоги – системы знаний об экваториальных координатах звёзд с обязательной информацией о дате состояния равноденствия, на которую эти экваториальные координаты ориентированы. Равноденствием называется время в году, когда центр диска Солнца при своём движении пересекает условную точку небесного экватора.

Астрономическая парадигма (концепция) инерциальной системы координат, или исследования по проблематике инерциальной системы координат небесных тел представляет собой систему наблюдений и измерений небесных тел при условии выполнения закона инерции классической механики о состоянии равномерного прямолинейного движения, или покоя материальной точки, если на неё не действуют иные силы.

По критериям астрономической парадигмы (концепции) инерциальной системы координат все или некоторые исследуемые звезды признаются условными неподвижными для наблюдателя на Земле материальными точками, по отношению к которым проводятся астрономические наблюдения движений небесных тел космоса в течение длительных периодов времени, в том числе астрономических эпох.

Точность определения положения звёзд в инерциальной системе координат небесных тел постоянно повышалась в истории астроме́трии. По мнению специалистов, в античности в астрономических концепциях Клавдия Птолемея и Гиппарха точность измерений положения звёзд составляла ±15′; в Средние века в концепциях Улугбека, Тихо де Браге, Яна Гевелия данная величина составляла ±2′. Современная максимальная абсолютная точность определения положения звёзд достигнута в наблюдениях по программе «ГИППАРКОС» («HIPPARCOS») и **составляет 0,001″ для звёзд 9-й звёздной величины.**

С 18 века до конца 20 ввека основным методом построения инерциальной системы координат небесных тел является **мериадианный метод,** или **меридианный принцип** – наблюдение небесных тел при их прохождении через меридиан. По правилам меридианного метода необходимо установить астрономическими наблюдениями не менее шести величин, или абсолютных параметров небесных тел: две сферические координаты объектов на небе – прямое восхождение и склонение; собственное движение объектов по прямому восхождению; собственное движение объектов по склонению; эквивалент расстояния, или параллакс; лучевая скорость. Наблюдаемые параметры инерциальной системы координат небесных тел называются «**абсолютные определения координат звезды**».

Полученные результаты сравниваются с координатами опорных, или фундаментальных звёзд, которые ранее приняты в качестве относительно безусловно истинных. В результате достаточно трудоёмких наблюдений и вычислений в основном за звёздами создаются независимые координатные системы и каталоги абсолютных определений координат звёзд.

Группы астрономов в период исследований на обсерваториях человечества создают варианты астрономических каталогов абсолютных определений координат звёзд. На основе обобщения информации астрономических каталогов создаются фундаментальные каталоги (FK) звёзд.

В фундаментальных каталогах (FK) звёзд содержится знание от нескольких сот до нескольких тысяч звёзд с максимально возможной к данному времени точностью характеристик их координат. Фундаментальные каталоги имеют значение базовой информации для фундаментальных систем координат небесных объектов в структуре астрономической парадигмы инерциальной системы координат небесных тел.

Фундаментальная система координат небесных объектов – система знаний о положениях звёзд, характеристики которых признаны неизменно постоянными или незначительно изменными в течение длительного астрономического времени. В структуре информации фундаментальной системы координат небесных объектов существенно знание фундаментального каталога звёзд. Фундаментальная система координат небесных объектов является основой для точных вычислений положений всяких небесных объектов космоса при разработке инерциальной системы координат небесных тел.

Первую концепцию (вариант) вариант фундаментальной системы координат (ФСК) небесных объектов и фундаментальный каталог (FK) создал астроном из Германии А. Ауверс в 1879 г. Вторую концепция (вариант) ФСК и FK создали астрономы Германского Астрономического Общества и опубликовали в 1938-1940 гг. с названием «Третий фундаментальный каталог Берлинского астрономического ежегодника», или FK3. FK3 содержал знания о координатах 1535 звёзд, или звёзд до седьмой звёздной величины.

После уточнения (ревизии) содержания FK3 в 1962 г. был принят в качестве более точного стандарта исследований по проблемам инерциальной системы координат небесных тел каталог FK4. FK4 содержит информацию о положениях и собственных движениях, или координатах 1535 звёзд, описанных в FK3, но с более высокой точностью. Точность определения координат звёзд седьмой звёздной величины в FK4 определена усилиями астрометров человечества на эпоху равноденствия B1950.0 с точностью ±(0,02-0,03)" по параметру склонения и ±(0,001-0,0302) по параметру прямого восхождения.

В 1984 г. в качестве международного, или единого для астрометрических исследований в парадигме (концепции) инерциальной системы координат небесных тел стандарта был принят новый вариант FK – FK5. FK5 расчитан на новую эпоху равноденствия, названную эпоха J2000.0, по новой барицентрической экваториальной системе отсчёта и иным параметрам, утверждённым в 1976 г. Международным астрономическим союзом (МАС).

В основной части FK5 содержится информация об уточнённых положениях и собственных движениях, координатах 1535 звёзд, имеющихся в FK4. В дополнительной части FK5 систематизирована информация об около 3 тысячах новых более слабых по яркости звёзд. Информация о новых звездах расширяет возможности ФСК звёзд до 9,7 звёздной величины. До 1998 г. FK5 был основой парадигмы инерциальной системы координат небесных тел, или исследований в области инерциальной системы координат на небесной сфере, или в наблюдаемом космосе.

В настоящее время создаётся новый вариант (концепция) FK – **FK6**.

Решение проблем инерциальной системы координат небесных тел на основе информации FK разных версий меридианным методом отличается высокой точностью вычислений, которой можно пренебречь для решения определённых прикладных задач. В этом случае специалистами астрометрии в 20 в. были созданы и совершенствуются несколько концепций (вариантов) исследований проблем инерциальной системы координат небесных тел. Основные из них: система IRS; фотографические методы.

Система (концепция) **IRS**, или «**Международные Опорные Звёзды**» – исследования инерциальной системы координат небесных тел упрощённым меридианным методом. Применение меридианного метода основано на использовании фундаментального каталога около 40 тыс. звёзд, распределяемых на карте с масштабом 1 звезда на квадратный градус.

Фотографические методы исследований проблем инерциальной системы координат небесных тел основаны на результатах фотографирования участков неба (космоса). При использовании фотографических методов специалисты не применяют меридианный метод. Первый вариант концепции инерциальной системы координат небесных тел с применением фотографического метода создавался на основе результатов международной программы фотографирования неба.

Эта программа названа **«Карта неба»** и была реализована астрономами человечества в период 1891-1950 гг. Результаты фотографирования неба были систематизированы в каталоге звёзд под названием «Астрографический каталог» (АК). Информация «Астрографического каталога» издавались в 254 томах, содержащих сведения о координатах около 4,5 млн. звёзд с точностью в среднем 0,4". Работа по составлению полного АК завершена на компьютерах в 90-е гг. 20 в.

Система «Астрографический каталог» оценивается высокоточным стандартным вариантом применения фотографического метода в исследованиях проблем инерциальной системы координат небесных тел.

Более простые и прикладные варианты фотографических каталогов звёзд создаются специалистами астрометрии, в том числе: варианты AGK2 и AGK3 – созданы специалистами Астрономического общества Германии; Йельские ФМ-каталоги обосновали специалисты США. Специалисты Военно-морской обсерватории США в 2003 г. создали фундаментальный каталог звёзд с названием B1.0, или USNOB-каталог, который содержит координаты, звёздные величины и собственные движения более 1 млрд. звёзд с точностью в несколько десятых секунды дуги.

В исследованиях по инерциальной системе координат небесных тел разработаны новые варианты решения астрометрических задач, основанные на объединении возможностей меридианных фундаментальных каталогов и фотографических каталогов.

Самые известные и значимые каталоги, созданные при объединении данных двух групп методов: каталог SAO, созданный специалистами США в 1966 г. для определения координат искусственных спутников Земли; каталог PPM, созданный специалистами Германии в 1988-1991 гг. для определения координат искусственных спутников Земли. Во всех расчётах инерциальной системы координат небесных тел применяют единые величины систем астрономических постоянных, последний вариант которых предложен решением МАС в 1976 г.

Концепции фундаментальных астрономических постоянных

Фундаментальные астрономически постоянные – система, совокупность параметров, характеристик движения и вращения Земли и гравитационно-связанных с ней тел Солнечной системы, полученных в результате наблюдений и установленных математическими вычислениями на основе принятой модели, теории гравитации. Вычисления фундаментальных астрономических постоянных постоянно совершенствуются в зависимости от новых методов астрономического познания.

Первые концепции (варианты) системы фундаментальных астрономических постоянных из 14 параметров (величин) принималась астрономами человечества в качестве международного стандарта в 1896 г. и 1911 г. на основе концепции астронома из США С. Ньюкома (Ньюкомб) (1835-1909). Первая система фундаментальных астрономических постоянных функционировала без изменений в астрометрических и астрономических исследованиях в целом до 1964 г.

На 12-й Генеральной ассамблее Международного астрономического союза в 1964 г. была принята система фундаментальных астрономических постоянных с названием МАС 1964. Эта система содержащала значения 23 основных и выводимых постоянных величин, 5 вспомогательных постоянных величин, коэффициенты массы 9 больших планет.

В 1976 г. Международный астрономический союз (МАС) утвердил новую систему фундаментальных астрономических постоянных из **19** величин, обозначаемую сокращённо **МАС 1976,** а также обосновал численные значения системы планетных масс, выраженных отношением массы Солнца к массам планет и их спутников, сателлитов. Современная система фундаментальных астрономических постоянных включает три группы характеристик небесных тел и их соотношений с Землёй.

Первая группа фундаментальных астрономических постоянных
МАС 1976 содержит информацию о единых величинах геометрических параметров Земли, системы Земля-Луна и орбит центра масс системы Земля-Луна. Постоянными величинами этой группы фундаментальных астрономических постоянных являются: экваториальный радиус Земли, возмущённое среднее расстояние Луны, величина астрономической постоянной, параллакс Солнца, параллакс Луны, наклон экватора к эклиптике.

Вторая группа фундаментальных астрономических постоянных
МАС 1976 соедержит характеристики поступательно-вращательного движения Земли и движения Луны по орбите. Постоянными величинами этой группы фундаментальных астрономических постоянных являются: общая прецессия по долготе, постоянная лунно-солнечной прецессии, постоянная нутации, постоянная аберрации, сидерическое движение Луны.

Третья группа фундаментальных астрономических постоянных
МАС 1976 содержит информацию о динамических свойствах Земли и параметрах, зависящие от взаимодействия Земли с Солнцем и с Луной. Постоянными величинами этой группы фундаментальных астрономических постоянных являются: геоцентрическая постоянная тяготения, гелиоцен-

трическая постоянная тяготения, динамический коэффициент сжатия Земли, отношение масс Луны и Земли, отношение масс Солнца и Земли, отношение масс Солнца и системы Земля-Луна, постоянная лунного неравенства, постоянная параллактического неравенства.

Концепции стандартной опорной небесной системы координат

Проблема установления стандартной опорной, или фундаментальной небесной системы координат представляет собой множество достаточно сложных исследований, направленных на определение в любой момент времени положения всякого небесного объекта в системе трёх ортогональных осей, или по трём ортогональным осям. Сложность проблемы составляют условия её решения: исследования проводятся с применением оптимальной концепции (варианта) системы координат, не связанной с точкой отсчёта на Земле, или с Землёй в качестве точки отсчёта.

В 2000 г. решением Международного астрономического союза утверждена стандартная, или рекомендуемая большинством специалистов по астрономии концепция (модель) с названием «**Международная небесная система координат ICRS**», или **ICRS**. Система ICRS может быть реализована в радиодиапазоне и в оптическом диапазоне астрономических наблюдений. Опорные точки отсчёта в системе ICRS называются «Международная небесная опорная система отсчёта ICRF», или ICRF. Система ICRS и её подсистема ICRF могут быть реализованы в радиодиапазоне и в оптическом диапазоне астрономических наблюдений.

Подсистема ICRF определена положениями 608 внегалактических источников электромагнитного излучения радиоспектра. Характеристики положений 608 внегалактических объектов были установлены астрономами человечества в период 1979-1995 гг. Первичными внегалактическими радиоисточниками признаны 212 внегалактических объектов, в основном квазары, которые изучены с высокой точностью измерений физических величин. Начало отсчёта в ICRF совпадает с барицентром Солнечной системы. Точность системы ICRF поддерживается на уровне 0,2 микросекунды (мс) дуги. Эпохи равноденствия в данном варианте систем координат нет.

ICRF разработана как неинерциальная опорная система. Стабильность ICRF основана на гипотезе об отсутствии в радиодиапазоне собственных движений у базовых 212 квазаров. Предполагается, что неинерциальность ICRF необходимо подтверждать, или обновлять посредством обновления, ревизии астрометрических каталогов через каждые 30-50 лет.

Международный астрономический союз рекомендует применять каталог звёзд, созданный на основе результатов работы космического летательного аппарата ГИППАРКОС в период 1989-1997 гг., в качестве базовой реализации ICRS в оптическом диапазоне.

Специалистами созданы также иные концепции (варианты) стандартной опорной, или фундаментальной небесной системы координат: барицентрическая небесная опорная система BCRS, или BCRS; геоцентрическая небесная опорная система GCRS, или GCRS.

Барицентрическая небесная опорная система BCRS (BCRS) – система определения положения небесного тела в космосе, точкой отсчёта которой выступает барицентр Солнечной системы. Барицентром вообще называется центр масс физического тела сложной формы, или центр масс двух и более тел, перемещающихся под действием сил взаимного тяготения. Барицентр Солнечной системы расположен на расстоянии одного миллиона километров от центра Солнца, так как планеты СС постоянно перемещаются относительно друг друга и Солнца.

Для определения координат положения тела в Солнечной системе барицентр Солнечной системы признаётся в качестве нулевой точки отсчёта координат. Координаты, определяющие положение тела в Солнечной системе, называются барицентрическими координатами. Их величины вычисляются для индивидуального тела методами математики.

В системе BCRS принята собственная **шкала времени TCB**, или барицентрическое динамическое время TDT, которое согласовано со стандартным для естественных профессиональных наук атомным временем TAI.

Современные варианты стандартной опорной, или фундаментальной небесной системы координат, или небесных систем координат не связаны с вращениями Земли и движениями Земли вокруг Солнца. Для их построения не требуется установление эпохи равноденствия.

Носителями нулевых параллаксов и собственных движений небесных тел выступают внегалактические объекты, в том числе и по преимуществу, квазары. По сравнению с меридианным методом построения стандартной опорной, или фундаментальной небесной системы координат современные модели небесных систем координат имеют абсолютные преимущества.

Основными методами построения современных концепций (моделей) стандартной опорной, или фундаментальной небесной системы координат являются методы радиоинтерферометрии, в том числе эффективный метод познания внегалактических радиоисточников-квазаров – **метод РСДБ,** или **VILBI,** что означает **«радиоинтерферометрия со сверхдлинной базой»**.

Дополняющими методами построения стандартной опорной, или фундаментальной небесной системы координат являются методы: лазерная локация Луны, или метод ЛЛЛ; лазерная локация искусственных спутников Земли, или ЛЛС; доплеровская орбитографическая геодезическая система DORIS; радиотехническая навигационная спутниковая система глобального позиционирования GPS.

Концепции фундаментальной земной системы координат

Проблема установления стандартной опорной, или фундаментальной земной системы координат – исследования по определению в любой момент времени положения всякого небесного объекта в системе трёх ортогональных осей, или по трём ортогональным осям. Используемая система трёх ортогональных осей основана на системе координат, в которой точкой отсчёта признаётся Земля.

В 2000 г. решением Международного астрономического союза утверждена концепция (модель) с названием «**Международная земная система отсчёта ITRS», или ITRS.** Опорную земную систему координат ITRS представляет геоцентрическая система, по которой начало (точка отсчёта) связана с центром масс Земли. Масса Земли оценивается равной сумме, совокупности масс суши, атмосферы и океанов.

Подсистемой ITRS является **Международная земная система отсчёта ITRF, или ITRF**. Функционирование ITRF обеспечивают наземные астрометрические пункты, станции человечества, использующие стандарт декартовой прямоугольной системы координат

Современные концепции реализации ITRS: концепция геопотенциала; концепция атмосферы; концепция движения геоплит; гидродинамические концепции; иные концепции.

Основными методами построения современных концепций стандартной опорной, или фундаментальной земной системы координат являются: лазерная локация Луны, или ЛЛЛ; лазерная локация искусственных спутников Земли, или ЛЛС; доплеровская орбитографическая геодезическая система DORIS; радиотехническая навигационная спутниковая система глобального позиционирования GPS; методы радиоинтерферометрии, в том числе метод РСДБ, или VILBI.

Основная закономерность, используемая в данных методах: направление приходящего от внеземных источников электромагнитного излучения определяется независимо от направления силы тяжести в данном пункте наблюдения, следовательно, без применения обязательного технического элемента меридианных инструментов – уровня.

Проблема соотношения, связи, координации Международной небесной системы координат ICRS и Международной земной системы отсчёта ITRS решается посредством определения параметров ориентации Земли, или системы EOP с последующим применением релятивистских формул для вычислений. Релятивистские формулы включают фактор преобразования времени.

Параметры EOP устанавливают специалисты международной научной организации, названной «Международная служба вращения Земли и опорных систем» (IERS). Исследования параметров EOP связаны с решением проблемы совершенствования методов определения параметров ориентации и вращения Земли.

Концепции параметров ориентации и вращения Земли

Проблема параметров вращения Земли заключается в исследованиях неравномерности вращения Земли и в изучении движения полюса Земли методами астрономических наблюдений и последующих вычислений на основе полученных фактов. Специалисты Международной службы вращения Земли и опорных систем IERS систематически наблюдают за величинами параметров ориентации Земли, в составе которых представлены и параметры вращения Земли.

Специалисты астрометрии со второй половины 20 в. по критериям IERS проводят ежесуточные измерения следующих параметров вращения Земли:

возникающая по причине неравномерного вращения Земли разница между всемирным временем UTI и всемирным координированным временем UTC;

отличие направление вектора угловой скорости вращения Земли от направления, вычисленного стандартной моделью прецессии-нутации, принятой Международным астрономическим союзом;

ориентировка оси z Международной земной системы отсчёта ITRF относительно направления угловой скорости вращения Земли, или проблема движения полюсов.

Иные параметры вращения Земли вычисляются по более значительным временным периодам.

Специалистами астрометрии установлены и учитываются в конкретных вычислениях основные согласованные между специалтистами скорости перемещений небесных объектов, влияющие на параметры ориентации Земли: средняя скорость движения Земли вокруг Солнца – 29 км/с; скорость движения Солнца относительно звёзд ближайшей галактической окрестности– 19 км/с; скорость вращения Галактики в точке расположения Солнечной системы – 250 км/с; скорость движения Галактики относительно фона реликтового излучения – 160 км/с.

Неравномерность вращения Земли – процессы изменений продолжительности одного оборота Земли относительно определённого неизменного направления в период вращения Земли вокруг своей оси. Одним из таких неизменных направлений, доступных для относительно простых астрономических наблюдений, может быть состояние весенней точки равноденствия на небесной сфере.

По результатам астрономических наблюдений и измерений было установлено одно из характерных показателей неравномерности вращения Земли – непостоянство угловой скорости вращения Земли, или изменения скорости вращения Земли. Определены три класса изменения скорости вращения Земли: вековые; нерегулярные, или скачкообразные; периодические, или сезонные.

Вековые изменения скорости вращения Земли – изменения скорости вращения Земли в течение 100 лет, вызванные тормозящим действием лунных и солнечных приливов. За последние 2 тысячи лет существования Земли продолжительность одного оборота Земли увеличивалась по причине векового изменения скорости вращения Земли на 0,0023 S измеряемой величины.

Нерегулярные, или **скачкообразные изменения скорости вращения Земли** – изменения скорости вращения Земли, вызванные множеством однозначно не установленных факторов, влияющих на уменьшение или увеличение продолжительности земных суток на тысячные доли секунды за время в течение нескольких месяцев.

Периодические, или **сезонные изменения скорости вращения Земли** – изменения скорости вращения Земли, вызванные сезонным перераспределением воздушных и водных масс на земной поверхности. Периодические изменения скорости вращения Земли влияют на продолжительность реальных земных суток по сравнению со среднегодовой их продолжительностью на порядок ±0,001 S измеряемой величины.

Неравномерности вращения Земли векового и нерегулярного классов проявляются в астрономических наблюдениях несоответствия положений Луны и близких к Земле планет Венеры и Меркурия в сравнении с вычисленными эфемеридным методом положениями этих небесных тел. Такие вычисления проводятся по формулам классической механической теории тяготения.

Движение полюсов по земной поверхности

Полюсом Земли называются две крайние точки на нашей планете. По критерию расположения на Северном или Южном полушариях Земли они названы Северным полюсом и Южным полюсом.

Полюс Земли подразделяется на географический и магнитный полюса. Движение полюсов Земли по её поверхности было обнаружено в конце 19 века. Астрометрическая проблема определения закономерностей движения полюсов по земной поверхности координируется с исследованиями специалистов геодезических наук.

Астрометрические исследования движения полюсов по земной поверхности начались с 1899 г. В этот год шесть астрономических наземных обсерваторий, расположенные на одной географической широте с параметром +39008′, организовали систематические наблюдения за избранными звёздами с территорий Италии, России, Японии и США, где работали 3 станции.

Наблюдения шести станций были продолжены ещё 30 станциями и координировались в последующем в международном масштабе системой научных учреждений и исследований, названных Международной службой широты. В 1962 г. Международная служба широты была переименована в Международную службу движения полюса. Специалисты названных служб проводили и проводят исследования более чем в 50 астрономических обсерваториях человечества.

С 1967 г. по решению Международного астрономического союза познание движения полюса Земли соотнесено со стандартом CIO и достигло точности измерений ±(0,02-0,03)", или 2-3 микросекунды. С 1 января 1988 г. по решению Международного астрономического союза создана Международная служба вращения Земли, которая организует исследования движений полюса Земли и проблемы неравномерности вращения Земли современными методами радиоинтерферометрии и лазерной локации с искусственных сателлитов Земли.

Природное явление движения полюсов Земли и движение (колебания) географических широт Земли обусловлены смещением массы тела Земли относительно оси своего вращения. В разное время с полюсами вращения совпадают различные точки поверхности Земли и в результате таких совпадений происходят отклонения от средних вычисленных стационарных значений конкретной точки поверхности Земли.

В частности: географические широты периодически меняются с отклонением до 0,3″ (3 микросекунды) по правилу – увеличение географической широты точки Земли на определённую величину на одном географическом полушарии сопровождается уменьшением на такую же величину географической широты точки Земли на противоположном географическом полушарии.

Северный полюс Земли движется по кривой против хода часовой стрелки при условии наблюдения на данный полюс извне. Протяжённость сложной кривой линии движения Северного полюса Земли определена в границах квадрата со сторонами около 30 м. Движения иных полюсов Земли имеют индивидуальные количественные показатели изменений. Некоторые познанные закономерности движения полюсов по земной поверхности:

период Чандлера, или чандлеровский период – четырнадцатимесячный период движения полюсов по земной поверхности, обусловленный упругими деформациями Земли как пластичного твёрдого тела;

годовой период движения полюсов по земной поверхности – двенадцатимесячный период, обусловленный сезонными изменениями в распределении воздушных масс, масс воды в форме, состоянии снега и иных метеорологических состояний между географическими полушариями Земли.

Концепции астрономического времени в астроме́трии

После введения атомного стандарта времени в 1960 г. XI Генеральной конференцией по весам и мерам задача определения сущности (природы) времени не является проблемой астроме́трии и иных астрономических наук. Проблемами астроме́трии с 1960 г. являются исследование и уточнения характеристик астрономического времени, а также обоснование новых специализированных систем времени, в частности, барицентрического времени.

Международное бюро времени задаёт физические величины международного атомного времени TAI. Атомное время TAI по причине высокой точности воспроизведения равномерной шкалы времени является основой для изучения динамики небесных объектов.

По причине векового замедления скорости вращения Земли и неравномерности вращения Земли необходимы уточнения TAI с всемирным временем UT, или средним солнечным временем гринвичского меридиана, исследуемым в сферической астрономии. Уточнённая шкала астрометрического времени называется всемирное координированное время UTC.

Всемирное время UT и всемирное координированное время UTC различаются на 0,9 секунды.

В соответствии с решениями Международного астрономического союза вводятся новые концепции (классы) времени: барицентрическое динамическое время TDT – время, определяемое в координатной системе, связанной с центром масс тел Солнечной системы; земное динамическое время TDT – собственное время находящегося на Земле наблюдателя.

Барицентрическое динамическое время TDT представляет собой систему измерения времени, предназначенную для использования в уравнениях движения планетарных тел по отношению их к барицентру Солнечной системы. Барицентрическое динамическое время TDT введено решением МАС в 1977 г.

Между TDT и TAI установлено точное соотношение: 1 января 1977 г. 0 часов TAI = 1 января 1977 г. 1,000372 5 TDT. Основой системы TDT принята СИ-секунда. Измерения в системе TDT производятся с применением атомных часов, точность которых составляет 10^{-14} секунды.

ПРОБЛЕМАТИКА И КОНЦЕПЦИИ
АСТРОФИЗИКИ Общая характеристика астрофизики

Астрофизика, или астрофизические науки – множество (система) астрономических наук о физических свойствах и физической эволюции космических объектов различных классов, доступных непосредственному и опосредованному видам наблюдений.

Проблематика астрофизических наук в её сущности сводится к установлению закономерностей взаимодействия вещества космоса и индивидуализированных космических объектов с электромагнитным излучением, магнитными по́лями, активными (энергичными) элементарными частицами и их производными системами, а также с гравитационным фундаментальным физическим взаимодействием.

По критерию применения определённых методов современной физики комплекс астрофизических наук разделяется специалистами на три группы наук: наблюдательная астрофизика, теоретическая астрофизика, наблюдательно-теоретическая астрофизика.

Наблюдательная, или **практическая астрофизика** – множество астрофизических наук о физических свойствах и изменениях объектов космоса, познаваемых методами современной физики. По критерию применяемых физических приборов и методов практическая астрофизика разделяется на частные, конкретные астрофизические науки: астроколориметрия, астрополяриметрия, астроспектроскопия, астроспектрофотометрия, астрофотометрия.

Астроколориметрия – астрофизическая наука о физических свойствах цветов звёзд, познаваемых методами многоцветной фотометрии. Астрополяриметрия – астрофизическая наука о физических свойствах космических объектов, исследуемых методом анализа показателей поляризации их света.

Астроспектроскопия – астрофизическая наука о физических и химических свойствах космических объектов, исследуемых методами анализа спектров их электромагнитного излучения. Области электромагнитного излучения, исследуемые специалистами астроспектроскопии величиной длины волны в измерении «нанометр» (нм), при условии, что 1 нм=10^{-8} см:

гамма-излучение с длиной волны ≤ 0,01 нм;

рентгеновское излучение с длиной волны $0,01^{-10}$ нм; далёкий ультрафиолет с длиной волны 10-310 нм; близкий ультрафиолет с длиной волны 310-390 нм; видимое излучение с длиной волны 390-760 нм;

инфракрасное излучение с длиной волны 760-1500 нм до 1 мм, или 0,76-15 мкм, от 15 мкм - до1 мм;

радиоволны с длиной волны более 1 мм.

Астроспектрофотометрия – астрофизическая наука о физических свойствах температуры, химическом составе, плотности звёздных атмосфер и газовых туманностей, исследуемых методами измерения энергии их электромагнитного излучения и световых величин.

Астрофотометрия – астрофизическая наука о физических свойствах блеска звёзд и яркости протяженных космических объектов, познаваемых методами измерения энергетических характеристик их электромагнитного излучения и световых величин.

Теоретическая астрофизика – система астрофизических наук о физических и химических свойствах и закономерностях изменений объектов космоса, исследуемых методами интерпретации результатов практической астрофизики, обоснования проблем и гипотез на основе достижений физических наук. Дифференциация теоретической астрофизики осуществляется по критерию объекта исследования.

Основные науки множества теоретической астрофизики: астрофизика Вселенной; астрофизика звёзд, или звёздная астрофизика; астрофизика планет, или планетная астрофизика; астрофизика межзвёздной среды; магнитогидродинамика; релятивисткая астрофизика; ядерная астрофизика.

Астрофизика Вселенной – астрономическая наука о физических и химических свойствах, строении и составе, закономерностях динамики и эволюции вещества Вселенной.

Астрофизика галактик – астрономическая наука о физических и химических свойствах, строении, закономерностях изменений гигантских систем звёзд и межзвёздного вещества, связанных гравитационным взаимодействием в пределах Вселенной.

Астрофизика звёзд, или звёздная астрофизика – астрономическая наука о физических и химических свойствах, строении и составе, закономерностях динамики и эволюции звёзд и звёздных систем.

Астрофизика межзвёздной среды – астрономическая наука о физических и химических свойствах, строении и составе, закономерностях динамики и эволюции вещества межзвёздной среды. **Астрофизика планет**, или планетная астрофизика – астрономическая наука о физических и химических свойствах планет Солнечной системы и планет иных звёздных систем.

Магнитогидродинамика – астрофизическая наука о физических свойствах и закономерностях взаимодействия магнитного поля и движения проводящего газа или жидкости космических тел, исследуемых методами физической науки – магнитной гидродинамики.

Релятивисткая астрофизика – астрофизическая наука о физических свойствах сверхплотных космических тел, в том числе нейтронных звёзд и коллапсаров, исследуемых физико-математическими методами и теоретическими моделями-гипотезами парадигмы общей теории относительности.

Ядерная астрофизика – астрофизическая наука о физических свойствах и строении ядра небесных тел.

В теоретической астрофизике применяются следующие **законы и методы физики**: законы теплового излучения абсолютно чёрного тела; формула Л. Больцмана для определения количества атомов в возбуждённом состоянии; формула М. Саха для определения количества атомов в ионизированном состоянии объекта; формула Дж. Максвелла для описания распределения атомов по скоростям; формула К. Доплера для определения лучевой скорости галактик и звёзд по смещению длины волны в спектре звёзд и галактик, а также для определения физических характеристик атмосфер звёзд и планет по профилям их спектральных линий; законы классической механики; закономерности упругого газа; закономерности электромагнитных взаимодействий; закономерности движений атомных ядер и электронов, ускоренные до субсветовых скоростей.

Наблюдательно-теоретическая астрофизика – множество астрофизических наук, исследующих физические свойства космических объектов на основе единства новейших методов и результатов практической астрофизики с логическими обобщениями теоретической астрофизики. Специализированными науками системы наблюдательно-теоретической астрофизики выступают: болонная астрономия, внеатмосферная астрономия, гамма-астрономия, нейтринная астрономия, радиоастрономия, рентгеновская астрономия.

Болонная астрономия – астрофизическая наука о свойствах звёздных величин, наблюдаемых и вычисляемых методами измерений и исследований энергии инфракрасного электромагнитного излучения от объектов космоса.

Внеатмосферная астрономия – астрофизическая наука о свойствах космических объектов, исследуемых приборами, вынесенными за пределы атмосферы планеты Земля космическими летательными аппаратами с целью преодоления атмосферных помех в астрономических исследованиях.

Гамма-астрономия – астрофизическая наука о физических свойствах космических объектов, исследуемых по характеристикам их коротковолнового электромагнитного излучения с длиной волны менее 10^{-8} см. Излучение с такими параметрами возникает при распаде радиактивных ядер и элементарных частиц, а также при взаимодействии веществ с быстро заряженными частицами.

Нейтринная астрономия – астрофизическая наука о свойствах космических объектов, познаваемых методами исследования исходящих от них потоков нейтрино. Нейтрино является стабильно незаряженной элементарной частицей с нулевой массой. Потоки (перемещения) нейтрино регистрируются земными приборами исключительно от Солнца и от класса сверхновых звёзд галактики Млечный Путь.

Радиоастрономия – астрофизическая наука о физических свойствах космических объектов, выявляемых методами исследования их радиоизлучения в диапазоне волн от 1 мм до 30 м в условиях наземного базирования радиотелескопов.

Рентгеновская астрономия – астрофизическая наука о физических свойствах космических объектах, познаваемых методами исследования рентгеновской области их спектра излучения.

По критерию познания индивидуализированных объектов Солнечной системы проблематика астрофизика разделяется на специализации, или астрофизические науки: астрофизика Земли; астрофизика Венеры; астрофизика Марса; астрофизика планет-гигантов и иные частные подразделения

Полная астрофизическая информация представлена о планете Земля, его спутнике Луне, планетах Солнечной системы, о Солнце. Астрофизическое знание о физико-химических свойствах Земли дополняет геофизическое и геодезическое знание, уточняет расчёты пространственных характеристик Земли, полученные в геодезических науках и иных наук о Земле, реализует процедуры сравнительного анализа земных параметров с параметрами других планет.

В астрофизике планет с высокой степенью истинности определены особенности структуры и строения планет, химический состав, температура, сила тяжести, спектры излучения, количество энергетических потоков, коэффициенты излучения и другие свойства космических тел. Доказано, что только на планете Земля есть гидросфера и биосфера, иные виды жизни гипотетически могут быть, но реально не выявлены.

В отличие от небесной механики астрофизическое познание специализируется на исследовании статичных устойчивых свойств объектов космоса, исключая познание закономерностей перемещения космических объектов. Астрофизика использует методы химии и физики в их применении к каждому из объектов ближнего и дальнего космоса.

Концепции астрофизики галактик

Астрофизика галактик – астрофизическая наука о свойствах, строении и закономерностях гигантских систем звёзд и межзвёздного вещества в пределах Вселенной. По критерию специфики галактик различаются астрофизические галактические науки, специализации:

галактическая астрофизика – астрофизическая наука о физических и химических свойствах и закономерностях галактики Млечный Путь;

внегалактическая астрономия – астрофизическая наука о галактиках, наблюдаемых за пределами галактики Млечный Путь.

Системы звёзд и межзвёздного вещества, связанные гравитационным взаимодействием и находящиеся за пределами галактики Млечный Путь, называются терминами «внегалактические туманности», «анагалактические туманности».

В современной астрофизике галактик наблюдаются миллиарды галактик. Используя мощные телескопы, наблюдаются несколько миллионов галактик до 25-28 звёздной величины. Более далёкие галактики исследуются методом красного смещения спектров, разработанным астрофизиком из США Эдвином Хабблом (1889-1953) для расстояний 5-10 Мпк (1 мегапарсек=5-10×10^6 парсек).

Законом движения галактик, совместимым с космологическим принципом, является закон Хаббла. По закону Хаббла лучевая скорость v всякой галактики пропорциональна расстоянию r от неё: v=Hr, где H – коэффициент пропорциональности, называемый также постоянной Хаббла.

Несколько тысяч галактик с яркостью более 15 единиц описаны в особых астрономических каталогах, в частности, в «Новом общем каталоге Дрейпера» (NGG). До 1990 г. с высокой точностью исследовались около 30 галактик Местной группы галактик. По результатам работы оптического телескопа «Хаббл» и иных астрономических космических аппаратов установлена оценка возможности ста миллиардов галактик в наблюдаемой человечеством части Вселенной.

Обозначение галактик производится указанием сокращенного названия каталога и номера, под которым эта галактика зафиксирована в каталоге. Массы большинства наблюдаемых галактик равны **10^9-10^{12} массы Солнца**. Галактики за редким исключением образуют небольшие группы и большие скопления из нескольких сотен и тысяч галактик. Скопления галактик образуют Сверхскопления, или Сверхгалактики. Метагалактикой называют часть Вселенной, представленной системами галактик, доступных астрофизическим наблюдениям.

Общая характеристика галактик

Галактика – структурная единица Вселенной, состоящая из систем звёзд и межзвёздного вещества, движущихся относительно общего центра масс и сохраняющихся как единый объект посредством их суммарного гравитационного поля.

Основные части, подсистемы галактики по критерию относительно сложно организованного состояния вещества и поля галактик: нормальные звёзды различных масс и возрастов; звёздные скопления; компактные остатки, или конечные состояния, продукты эволюции звёзд, к которым относятся белые карлики, нейтронные звёзды, коллапсары («чёрные дыры») звёздных масс; холодная газопылевая среда, состояние, состоящая(ее) из атомарного газа, ионизированного газа, молекулярного газа и межзвёздной пыли, в которой (среде) функционирует пронизывающее её компоненты крупномасштабное магнитное поле; разрежённый горячий газ с температурой от 10^5 К до 10^6 К.

Основные части (компоненты, подсистемы) галактик по критерию простейшее состояние вещества и поля галактик:

барионное состояние галактик – атомарное состояние вещества галактик, организованное взаимодействиями элементарных частиц класса барионы, результатом которого является сохранение структуры атома;

тёмная масса (материя) галактик, или **скрытая масса** – гравитирующее состояние галактик, не проявляющееся по спектрам электромагнитного излучения. Скрытая масса галактик преобладает на периферии галактик, а также в их центрах, где вероятно находятся коллапсары (чёрные дыры) звёздных масс.

Основные познаваемые физические параметры галактик: светимость L; линейный размер d; диаметр галактики; масса галактики M; масса газа галактики M_{GAS}; период вращения T; скорости внутренних движений V; поверхностная яркость диска галакт; поверхностная плотность газа галактик; группа интегральные характеристики галактик.

Измерение размеров галактики является сложной проблемой. В абстрактном случае **размер галактики** есть фотометрический размер изофоты 25-й звёздной величины с квадратной угловой секунды в фильтре B, обозначаемый символом D_{25}.

В упрощённом измерении один из показателей размера галактики – диаметр галактики. Диаметр галактики составляет в среднем от 5 килопарсек до 250 кпс, или 16-800 тысяч световых лет. В 2012 г. была идентифицирована галактика IC 1101 с диаметром более 600 килопарсек. Диаметр галактики Млечный Путь – 30 килопарсек, или 100 тысяч световых лет.

Структура галактик имеет следующие части: сфероидальный диск, или сфероидальный звёздный компонент – распределение звёзд в геометрической форме сферы; галактический диск – относительно тонкий слой галактики с концентрацией в основном большинства объектов галактики, разделяющийся на газопылевой диск и звёздный диск; галактический балдж, или балдж – наиболее яркая внутренняя часть сфероидального компонента; спиральные ветви – уплотнение в форме спирали из межзвёздного газа преимущественно молодых звёзд; активное ядро, или ядро галактики – состояния центра, сложно объяснимые свойствами изученного вещества.

Классификация галактик

Первая концепция классификации галактик создана астрономом из США Э. Хабблом в 1936 г. и названа «последовательность Хаббла». На начало 2013 г. имеются различные критерии классификации.

По критерию **внешний вид, форма на фотографиях** и распределению яркости галактики классификацируются по типам, классам: E – эллиптические галактики с их разновидностями E0, E3, E7; SO – линзовидные галактики; S – спиральные галактики с их разновидностями Sa, Sb, Sc, SBa, SBb, SBc; Ir – неправильные галактики с их разновидностями IrI, IrII; P – пекулярные галактики. По разным оценкам, более половины, или до 50%-70% познанных галактик относятся к типу, классу спиральные галактики

На основе исследованных физических свойств названных классов галактик, в частности, по цвету, содержанию газа и других, они распределены в **морфологическую последовательность**: E0 – E3 – E7 – SO – Sa – Sb – Sc – SBa – SBb – SBc – IrI – IrII – P.

По критерию необычайно искаженной формы некоторые наблюдаемые галактики образуют новый тип, класс – «**взаимодействующие галактики**».

По критерию светимости, меньшей светимости галактики Млечный Путь более чем в сто раз, исследуется иной тип, класс галактик – «**карликовые галактики**», которые в основном являются спутниками больших галактик.

По критерию особенностей излучения ядра галактик выделяется классификационное множество «**активные галактики**».

Множество «активные галактики» составляют галактики, в ядрах которых содержатся относительно малые по размерам объекты, излучающие в космос огромное количество энергии, сравнимое и более энергий, выделяемой всеми звёздными объектами данной галактики. Классы множества «активные галактики»: сейфертовские галактики; радиогалактики; квазивёздные объекты, или квазизвёздные радиоисточники, или квазары.

Сейфертовские галактики – массивные спиральные активные галактики, в центре которых наблюдается яркий звёздообразный источник нетеплового излучения с мощностью 10^{37} Вт очень малого углового размера.

Радиогалактики – массивные эллиптические активные галактики, в центре которых наблюдается интенсивный источник радиоизлучения синхротронного механизма осуществления, который связан с движением в магнитном поле энергичных электронов и релятивистских частиц, выброшенных из активного ядра галактики.

Квазизвёздные объекты, или квазизвёздные радиоисточники, или квазары – класс активных галактик со сверхмалыми размерами, распространяющие радиоизлучение и обладающие значительной светимостью, неизмеримой с их массой, учитывая уровень современных физических знаний.

Характеристика квазаров: наиболее удалённые наблюдаемые с Земли объекты Вселенной; малые угловые размеры; нерегулярная переменность блеска; чрезвычайно малые размеры, сравнимые с размерами Солнечной системы; гигантская светимость, в сотни раз превышающая светимость нормальных галактик и составляющая величину 10^{46}-10^{47} эрг/с; расположение в центре, или в ядрах крупных по размерам галактик; отсутствие точных знаний о физическом процессе, который обеспечивает выделение гигантской энергии при малом объёме.

Самые далёкие квазары наблюдаются на расстоянии **10 млрд. световых лет**; самый близкий к Земле квазар 3C 273 находится на расстоянии 2 млрд. св. лет. Всего зарегистрировано более 5 тыс. индивидуальных квазаров.

На основе анализа фотографий галактик установлен факт концентрации единичных галактик в состояниях: «**группа галактик**» – множество нескольких десятков галактик с доминированием одной из сверхмассивных спиральных или эллиптических галактик; «**скопление галактик**» – множество нескольких сотен единичных или групп галактик с доминированием одной из сверхмассивных эллиптических галактик; «**сверхскопление галактик**» – множество из тысяч галактик в формах цепочки (стены).

Концепции Галактической астрофизики

Галактическая астрофизика, или астрофизика галактики Млечный Путь – астрофизическая наука о физических и химических свойствах и закономерностях галактики Млечный Путь.

Солнце, Солнечная система и планета Земля находятся в составе галактики Млечный Путь. В публикациях некоторых авторов название «галактика Млечный Путь» не используется, вместо этого названия употребляются слова «Галактика», «наша Галактика». Причиной такого словоупотребления является исторически сложившееся обозначение словосочетанием «Млечный Путь» только части звёздного неба, наблюдаемой с Земли, на которой расположена неяркая светящаяся полоса. Эта пересекающая звёздное небо светящаяся узкая полоса еще в древности получала название «Млечный Путь».

В современной астрономии установлен статус части звёздного неба, наблюдаемой с Земли в форме неяркой светящейся полосы и названной в древности Млечным Путём, в качестве светлой туманности-2, или туманность-2 системы Млечный Путь, нашей Галактики, или галактики Млечный Путь.

Объект «Млечный Путь-туманность», или система Млечный Путь в составе галактики Млечный Путь отличается значительными наблюдаемыми с Земли угловыми размерами, опоясывает всю наблюдаемую с Земли небесную сферу. Однозначное название галактики, к которой мы относимся – галактика Млечный Путь, а названия «наша Галактика», «Галактика», «Галактическая система» используются как её исторически первые названия-синонимы с написанием буквы «Г» в заглавном виде.

Галактика Млечный Путь относится к классу спиральные галактики, число которых составляет **70%** от исследованного множества галактик. Галактика Млечный Путь входит в состав Местной группы галактик. Местная группа галактик имеет поперечный размер около 1 мегапарсека.

Местную группу галактик Вселенной образуют около 40 разнотипных галактик, в том числе: три спиральных галактики – галактика Млечный Путь, галактика Туманность Андромеды, галактика в созвездии Треугольника; нескольких десятков карликовых эллиптических и неправильных галактик. Местная группа галактик относится к сверхскоплению галактик Дева. В сверхскоплении галактик Дева доминирует скопление галактик Дева. Галактика Млечный Путь не входит в состав скопления Дева.

Самые крупные из этого множества карликовых эллиптических и неправильных галактик – галактика Большое Магелланово Облако и галактика Малое Магелланово Облако. Ближайшие к галактике Млечный Путь из Местной групп галактик всего две галактики: галактика Большое Магелланово Облако с расстоянием от галактики Млечный Путь до неё 0,05 Мпк; галактика Малое Магелланово Облако с расстоянием до неё 0,06 Мпк.

Галактика Млечный Путь имеет по оценке на начало 2013 г. общую массу **3×10^{12} масс Солнца**. По критерию массы светлого вещества галактики Млечный Путь определена условная её масса в целом с величиной в 200 млрд. солнечных масс [4, т. 11, с. 56].

По критерию наблюдаемых характеристик галактика Млечный Путь на 98% состоит из масс звёзд, 2% её массы составляют массы межзвёздных газов, пыли и иные классов веществ. Количество звёзд в галактике Млечный Путь составляет, по разным оценкам, величину 100-200 млрд звёзд, из которых обнаружено к 2003 г. 4126,375 млн. звёзд, или 4 млрд. 126 млн. 375 тыс. звёзд.

Размеры галактики Млечный Путь по разным оценкам составляют: в диаметре условной окружности от 21 тыс. парсек до 30 тыс. парсек и более, в среднем к 2013 г. принята величина 30 килопарсек, или 100 000 световых лет. Размер толщины галактики Млечный Путь – 1 тысяча световых лет и 3 тысячи световых лет в области её балджа.

Для изучения особенностей структуры галактики Млечный Путь принята **система сферических галактических координат**, или галактическая система координат. Основные состояния, понятия галактической системы координат: галактическая ось, галактический экватор, галактическая широта, галактическая долгота; иные.

Галактический экватор галактики Млечный Путь – большой круг небесной сферы, проходящий вдоль средней линии туманности-2, или туманности системы Млечный Путь. Некоторые свойства галактического экватора галактики Млечный Путь: имеет угол наклона $62,3^0$ по отношению к экватору небесной сферы, рассчитанной в небесной механике; является элементом условной галактической плоскости галактики Млечный Путь.

Галактическая плоскость галактики Млечный Путь пересекает небесную сферу и делит её на Северное галактическое полушарие и Южное галактическое полушарие галактики Млечный Путь. Две противоположные точки небесной сферы, которые равно удалены от определённой точки галактического экватора на 90^0, называются галактическими северным и южным полюсами.

Северный галактический полюс галактики Млечный Путь наблюдается с Земли в созвездии Волосы Вероники. Южный галактический полюс галактики Млечный Путь наблюдается в созвездии Скульптор. Солнце и Солнечная планетная система находятся на 20-25 кпк севернее плоскости галактического экватора галактики Млечный Путь.

Основные части галактики Млечный Путь: единичные звезды; группы взаимосвязанных по определённым критериям звёзд – звёздные скопления; межзвёздная среда – множество разреженного газа с примесью твёрдых мелких частиц, называемых космической пылью; молекулярные облака – наиболее холодные и плотные состояния, или области межзвёздной среды, установленные в количестве 6 тысяч и идентифицируемые как тёмные пылевые туманности; космические лучи – множество элементарных частиц, движущихся близко к скорости света в вакууме.

Отдельные части межзвёздной галактической среды галактики Млечный Путь называются «туманности» по критерию создаваемых ими спектров излучений при наблюдении с Земли, в том числе: тёмные пылевые туманности галактики Млечный Путь; светлые, отражательные туманности галактики Млечный Путь; диффузные эмиссионные туманности галактики Млечный Путь.

Состояние туманности представлено не только в галактике Млечный Путь, но и в иных галактиках Вселенной. С понятием звёздной туманности в истории астрономии связаны многие неадекватные обобщения, так как до 20-30-х гг. 20 века не было иных методов определения свойств светящихся объектов небесной сферы, кроме наблюдений в оптический телескоп. Установление точных значений содержания и объёма понятий галактик и туманностей связано с исследованиями астрономов из США – Ф. Слайфер, Х. Шепли, Э. Хаббл в 20-30-х гг. 20 в.

Строение галактики Млечный Путь

По внешней форме галактика Млечный Путь наблюдается сферической фигурой, у которой выражено явление симметричности относительно главной плоскости – плоскости галактики Млечный Путь. Звезды концентрируются к центру галактики Млечный Путь. Центральное сгущение звёзд в галактике Млечный Путь называется балдж галактики Млечный Путь, имеет диаметр 1-2 кпк (килопарсек, 10^3 пс). В центре балджа выражено ядро галактики Млечный Путь, где возможно находится коллапсар массой 10^6 масс Солнца.

Звёздный диск галактики Млечный Путь – пространство в 500-600 пк, где находится большинство звёзд, в том числе и Солнце.

Плоская подсистема галактики Млечный Путь – это часть звёздного диска толщиной в 100-200 пк, где находятся значительная часть относительно молодых объектов, к которым относятся звезды определенных классов, молекулярные облака, межзвёздные туманности.

Сфероидальная подсистема галактики Млечный Путь – это пространство самых старых объектов – звёзды определенных классов, субкарлики, шаровые звёздные скопления.

Корона галактики Млечный Путь, или Галактическая газовая корона – это внешняя оболочка, состоящая из разряженной высокомолекулярной плазмы – ионизированного газа.

Гало галактики Млечный Путь – внешняя часть сфероидальной подсистемы, состоящая из галактических по́лей, космических лучей и галактической газовой короны. Гало отличается от других частей Галактики чрезвычайно низкой долей тяжелых химических элементов, скоплениями неярких старых маломассивных звёзд, временем существования – около 12 млрд. лет.

В звёздном диске галактики Млечный Путь сосредоточены более молодые звезды, чем звезды гало галактики Млечный Путь. Специфические особенности звёздного диска нашей Галактики и подобных нашей спиральных галактик: наличие ограниченных пространств с высокой активностью вещественных преобразований; концентрация галактического магнитного поля в определённых участках галактики; волнообразны процессы сжатия вещества; иные физические и химические свойства.

Эти части звёздных дисков называются «спиральные ветви», или «рукава» галактик. В созвездиях Стрельца, Персея, Ориона наблюдаются такого класса участки, которые считаются ответвлениями основных спиральных рукавов галактики Млечный Путь.

Солнце и звезды в его окрестности совершают полный оборот вокруг центра галактики Млечный Путь, по разным оценкам, за 240-250 млн. лет, 180-200 млн. лет, или в среднем за 230 млн. лет. Период обращения Солнца вокруг центра галактики Млечный Путь, принятый величиной 230 млн. лет, называется «галактический год». Солнце по небесной сфере движется к условной векторной точке, называемой «апекс Солнца», в созвездии Геркулес со скоростью 20 км/с.

Центр галактики Млечный Путь для наблюдателей с Земли находится в созвездии Стрелец. От центра галактики Млечный Путь Солнце удалено, по разным оценкам, на расстояние 8×10^3 пс, или 8 кпк, или на расстоянии 33 тыс. световых лет от центра галактики Млечный Путь и 17 тыс. световых лет от края галактики Млечный Путь.

Концепции астрофизики звёзд

Астрофизика звёзд, или звёздная астрофизика – наука о физических свойствах, строении и составе звёзд и звёздных систем. Звёздная астрофизика относится к группе теоретических астрономических наук, так как сверхвысокие температуры, газообразное состояние и сверхдальние расстояния, характерные для звёзд, наглядно демонстрируют ограниченность сенсорных чувственных возможностей человеческого познания.

По этой причине в звёздной асторофизике активно реализуются рациональные логические способности учёного, использующего достижения физических наук для объяснения результатов (фактов) наблюдательной астрономии.

На наблюдательном уровне исследования звёзд используется в основном метод спектрального анализа электромагнитного излучения этих объектов, знание небесных координат звёзд, видимые показатели звёздной величины, факты изменений наблюдательных величин во времени.

Основной источник первичной информации о звёздах – система наблюдений **длин волн (λ) электромагнитного излучения объектов космоса во всех доступных диапазонах шкалы спектра электромагнитного излучения**. Систематические наблюдения за звёздами организуются в наземных астрономических обсерваториях и приборами, размещёнными на космических летательных аппаратах.

Звезда – небесное тело гигантской шарообразной формы, состоящие из газового плазменного состояния вещества, устойчивость и равновесие которого поддерживается балансом сил гравитационного сжатия (притяжения), внутреннего давления вещества и излучения энергетически активного вещества звезды во внешнее пространство космоса под действием происходящей или происходившей в его недрах термоядерной реакции синтеза микровеществ.

Упрощённое краткое определение звезды: **звезда** – шарообразное массивное равновесное плазменное тело с собственным источником тепловой энергии в форме происходящей или происходившей в его недрах термоядерной реакции.

Звёзды функционируют в качестве основного источника образования химических элементов и более сложных атомов космоса, из которых формируется вещественное многообразие природы. Звёзды являются необходимым фактором эволюции и прогрессивного самоусложнения объектов космоса, в том числе, фактором возникновения и функционирования органической природы и человечества на планете Земля. Звёзды являются самыми доступными для астрономических наблюдений объектами Вселенной.

В пределах галактики Млечный Путь представлено около 10^{11} звёзд и их остатков, или более 100 миллиардов звёздных объектов (тел). В пределах видимой части Вселенной предполагается наличие крупных звёздообразных объектов количеством около 2×10^{20}. В 2004 г. астрономы Австралии обосновали оценку величины количества звёзд Вселенной около 7^{22}, или **70 секстиллионов звёзд**.

Из множества звёздообразных объектов получили относительно полное описание в звёздных каталогах около 0,01% звёзд галактики Млечный Путь. Обозначение названий звёзд словами применяется к наиболее известным светилам, в основном звезды обозначаются принятыми специалистами буквами и цифрами.

Важнейшие свойства звёзд, обоснованные в звёздной астрофизике: масса $M_\odot$, химический состав, возраст, светимость, интенсивность излучения, эффективная температура, размер и другие. Температура, плотность, скорость газа и химический состав атмосферы звёзд оцениваются по результатам методов спектроскопии. Основные свойства звезды: масса $M_\odot$; химический состав; возраст. Данные свойства определяют положение звезды на графическом выражении состояния звезды, названном «диаграмма Герцшпрунга-Рессела».

Масса звезды ($M_\odot$) – основной физический параметр, выражающий количество вещества звезды и определяющий её иные свойства, в том числе – светимость, возраст звезды, радиус, эффективная температура. Единица массы звезды обозначается символом $M_\odot$.

Масса звезды ограничена двумя факторами: **нижний предел массы звезды** – невозможность реализации термоядерной реации синтеза атомов химического элемента гелия; **верхний предел массы звезды** – состояние давления излучения с развитием пульсационных неустойчивостей, которые могут привести к сбросу избытка массы. Количественно пределы массы нормальных звёзд определены от **0,08 до 100 единиц массы Солнца**.

Химический состав звезды – величина содержания тяжёлых химических элементов в массе звезды. Химический состав звезды определяет, влияет существенно на иные свойства звезды: коэффициент поглощения вещества звезды, молекулярный вес звезды, состояние непрозрачности звезды, скорость протекания ядерных реакций, радиус звезды, центральная температура звезды. Химический состав звезды определяется методами спектроскопии по показателям спектра выходящего из атмосферы звёзд излучения.

Основные спектральные классы звёзд устанавливаются по критерию порядка убывания температуры, соответствующей конкретному ионизационному состоянию вещества в области формирования спектральных линий в интервале от 30000 К до 2000 К. Величина «К» читается «кельвин», или с обозначением ^{0}K – «градус Кельвина» до 1968 г. В соотношении с температурной шкалой Цельсия один кельвин равен $t_C + 273{,}15$, или $1K = t_C + 273{,}15$.

Возраст звезды – время существования звезды, вычисляемое алгебраическими методами с высокой вероятностью и принимаемое по согласованию специалистами астрофизики.

Светимость звезды (светила) (L) – количество энергии, излучаемой звездой, светилом в единицу времени и выраженных в основном в единице светимости Солнца, численно равной $3{,}85 \times 10^{26}$ Вт.

При значительных массах звёзд их светимость приближается к эддингтоновскому пределу с величиной 10^{38} эрг/с. Показателя светимости более 10^{38} эрг/с у стационарных звёзд не существует.

Звёздная величина – интенсивность, мощность излучения звёзд или светила, в том числе, светящихся тел Солнечной системы, иных самосветящихся или освещаемых объектов космоса. Численное определение звёздной величины вычисляется как отрицательный логарифм по основанию 2,512 от освещённости, которую создает данный объект на площади, перпендикулярной лучам. Классы звёздной величины:

абсолютная звёздная величина с обозначением символом М – мощность, мера светимости светила, звезды, наблюдаемая со стандарта расстояния в 10 парсек (пк);

болонометрическая звёздная величина – звёздная величина, определяемая с учётом излучения полного спектра светила, звезды, неослабленного поглощениями в атмосфере и в приборе;

видимая звёздная величина с обозначением символом m – мера блеска светила, звезды, наблюдаемого на небе;

предельная звёздная величина с обозначением символом $m_{пред}$ – звёздная величина наиболее слабосветящихся звёзд, которых можно видеть невооружённым взглядом, или наблюдать и регистрировать конкретным телескопом;

предельная звёздная величина – блеск слабейших объектов (светил), внесённых в звёздный каталог или нанесённых на звёздную карту;

суммарная звёздная величина – звёздная величина двух объектов космоса, наблюдаемых как один объект по причине их близкого взаиморасположения.

Размеры звезды, или угловые размеры звезды – величины пространственного распространения звезды, измеряемые различными методами вычислений в единицах углового радиуса, углового диаметра и иных величинах.

Общепринятые методы определения размеров звезды: методы с использованием звёздных интерферометров; спектро-интерферометрия; расчёт по формуле Стефана-Больцмана; расчёт по формуле углового радиуса; расчёт по дифракционным процессам во время покрытия светил, звёзд Луной; косьвенные методы при условиии точного знания величин болометрической светимости звезды и её эффективной температуры.

Температурные физические величины звёздных объектов определяются вычислениями по алгебраическим формулам, так как невозможно разместить прибор-термомерт около или на звёздном теле. Классы температурных свойств звезды: эффективная температура; яркостная температура; цветовая температура; эффективная радиационная температура.

Основной величиной для теоретических исследований температурных свойств звёзд является величина – **эффективная температура** (T_{eff}). Методы вычисления T_{eff}: вычисление на основе информации о радиусе звезды и её болометрической светимости; косьвенные методы вычисления шкалы эффективных звёздных температур на основе известных характеристик излучения звезды; вычисления на основе применения законов излучения абсолютно твердого тела к эмпирически установленным показателям распределения энергии в спектре солнечного диска; вычисления по закономерностям теории излучения абсолютно твёрдого тела, где установлены формула Планка, закон смещения Вина, закон Стефана-Больцмана.

По формуле Планка определяется также **яркостная температура звезды**. По закону смещения Вина вычисляется также **цветовая температура звезды**. По закону Стефана-Больцмана устанавливается также **эффективная радиационная температура**. Теоретически вычисленные показатели звёздных объектов постоянно уточняются и систематизируются с учетом новых фактов практической астрофизики.

Астрофизики, регистрируя и анализируя электромагнитное излучение звёзд, имеют непосредственную информацию об атмосфере звезды. **Атмосфера звезды** – это её газовая оболочка. В атмосфере звезды формируется наблюдаемый астрофизиками спектр звезды с его двумя основными классами: непрерывный спектр, или континуум звезды, создаваемый тепловым движением атомов в фотосфере атмосферы звезды; спектральные линии звезды.

Основные части атмосферы звезды: корона атмосферы звезды – внешний протяжённый слой, часть атмосферы звезды с температурой около 10^6 К и излучением преимущественно в жёстком ультрафиолетовом и рентгеновском диапазонах; хромосфера атмосферы звезды – слой (часть) атмосферы звезды между короной и фотосферой с сильной пространственной неоднородностью по причинам потоков газовых струй и пересоединений силовых линий магнитного поля с разной направленностью; фотосфера атмосферы звезды – область (слой, часть) газового пространства звезды с определённой величиной оптической толщи в непрерывном спектре её излучения.

Концепции классификации звёзд

По критерию «**актуальное физическое состояние**» исследуются классы звёзд: нормальные звёзды; вырожденные звёзды; коллапсары, или «чёрные дыры». Разновидности класса «вырожденные звёзды» – белые карлики и нейтронные звёзды,– а также чёрные дыры-коллапсары называются «**компактные остатки**». По этой причине физическое состояние множества звёзд во Вселенной сформировано нормальными звёздами и компактными остатками.

Нормальная звезда – шарообразные объекты космоса в физическом состоянии невырожденного вещества идеального газа, реализующие своё физическое состояние равновесия посредством осуществления в своей глубине (в недрах) термоядерных реакций синтеза микровеществ.

Вырожденная звезда – шарообразные объекты космоса, реализующие своё физическое состояние равновесия посредством осуществления в своей глубине (в недрах) процессов давления квантово-механических вырожденных фермионов.

По критерию специфики вырожденных фермионов множество «вырожденная звезда» состоит из подмножеств (классов) звёзд: **белый карлик** – класс звёзд, физическое равновесие которых поддерживается давлением квантово-механических вырожденных электронов; **нейтронная звезда** – класс звёзд, физическое равновесие которых поддерживается давлением квантово-механических вырожденных нейтронов.

Коллапсар, или **«чёрная дыра»** – состояние вещества звезды, при котором свет (излучение) неспособен преодолеть собственный гравитационный предел (барьер), возникший при определённых условиях катастрофического сжатия массивных звёзд в период последней стадии их существования («жизни»). Термин (название) «чёрная дыра» для коллапсированного состояния звёздной массы предложил в 1968 г. астрофизик из США Дж. Уилер.

Гипотезу возможности сверхколлапсирующего состояния небесных тел предложил физик, астроном и математик из Франции П. Лаплас в 18 в. Впервые гипотезу о существование тёмной звезды с силой тяготения, препятствующей оттоку световой энергии от её поверхности, предложил физик Великобритании Дж. Мичел в 1783 г.

Астроном из Германии К. Шварцшильд в 1915 г. рассчитал гравитационный радиус, названный радиусом Шварцшильда, до которого следует сжать объект, чтобы тот превратился в коллапсар. Модель коллапсара предложил физик из США Р. Оппенгеймер в 30-40 гг. 20 века. В настоящее время предполагается, что 20 объектов из множества зон яркого рентгеновского излучения в различных областях Вселенной могут быть идентифицированы коллапсарами.

В составе галактики Млечный Путь возможно наличие 109 коллапсаров [1, с. 206]. Коллапсированное состояние звёздной массы не обнаружено в астрономиических наблюдениях, так как эти объекты не проявляют свойств, доступных для их познания современными приборами.

По критерию **«химический состав звезды»** исследуются классы звёзд: население I типа, население I типа, население III типа.

Множество **«население I типа»** – множество звёзд с содержанием классов химических элементов, которые по критерию массы превышают (тяжелее) массу атомов химического элемента гелия и в сравнении с общей массой гелия составляют по своей массе не более нескольких десятых долей процента в общей массе звезды. К этому классу относятся старые маломассивные звёзды, в том числе красные карлики и красные гиганты, расположенные в сферической составляющей, части галактики Млечный Путь и иных спиральных галактик, в том числе входящих в состав шаровых скоплений.

Множество «**население II типа**» – класс звёзд с содержанием классов химических элементов, тяжелее атомов гелия, составляющие по своей массе около 2% в общей массе звезды. К этому классу относятся звёзды дисковой составляющей, части галактики Млечный Путь и иных спиральных галактик, в том числе входящих в состав молодых рассеянных скоплений. Солнце по критерию своего химического состава относится к классу звёзд «население II типа».

Множество «**население III типа**» – класс звёзд, состоящих из первичного не прошедшего ядерной переработки вещества без наличия тяжёлых химических элементов. К этому классу относятся несколько звёзд малой массы, обнаруженные в гало галактики Млечный Путь.

По критерию «количество» наблюдаемые звезды составляют классы: **одиночная звезда; двойные звёзды; тройные звёзды; созвездия.** Созвездия – участки звёздного неба, представленные не менее 10-тью яркими звёздами, объединённые специалистами по принятым критериям в автономные объекты небесной сферы. Все единичные звезды и созвездия имеют специальные обозначения буквами греческого и латинского алфавитов, а также названия, сложившиеся с древних времен в рамках национальных языков, которые приведены в соответствие с латинскими названиями.

В 1922 г. Первая Генеральная ассамблея Международного астрономического союза определила количество, расположение на небе и названия 88 созвездий – участков небесной сферы со специфической группировкой наблюдаемых звёзд. Границами созвездий являются прямые отрезки координатных линий прямого восхождения и склонения экваториальной системы координат на эпоху 1875.0, которые были окончательно уточнены в 1935 г. Наибольшее количество одиночных звёзд – 150 – находится в созвездии Лебедь, наименьшее – 10 – в созвездии Малый Конь. Из 88 созвездий 47 созвездий были известны с древнейших времён и названы в основном персонажами из мифов Древней Греции.

По критерию «**характеристика спектра звезды**» созданы классификации звёзд, основные из которых: гарвардская классификация звёзд; двумерная спектральная классификация звёзд, или система МК.

Гарвардская классификация звёзд, или **спектральная классификация звёзд** в начальном варианте была создана астрономом из США Э.Кенноном в начале 20 века.

Концепция Э. Кеннона была усовершенствована по критерию интенсивности молекулярных полос и атомных спектральных линий в порядке уменьшения (убывания) эффективной температуры звезды, соответствующей данному ионизационному состоянию вещества в области формирования спектральных линий от 30000 К до 2000 К.

Основные классы звёзд по системе гарвардской классификации: **O; B; A; F;G; K; M; L**. Эффективная температура звёзд, определяющая степень ионизации различных химэлементов, монотонно уменьшается от классов O, B, A до классов K, M, L. Переходы между классами звёзд по концепции гарвардской классификации звёзд непрерывны, поэтому перечисление классов звёзд сопровождается линией, например: O–B–A–F–G–K–M–L. 99% изученных звёзд относятся к классам интервала от B до M.

Неосновные классы звёзд по гарвардской классификации: углеродные звёзды – класс C-звезды, являющийся ответвлением, разновидностью основного класса G и представленный подклассами R и N; циркониевые звезды – класс S, который является ответвлением основного класса K.

Внутри каждого из этих основные и неосновных спектральных классов звёзд выделяются подклассы, обозначаемые цифрами от 0 до 9. Эти цифры высталяются после буквенных обозначений класса звёзд. Характеристики свойств классов звёзд по гарвардской классификации:

класс O: температура в интервале 30000–50000 К, цвет – голубоватый, преобладание спектральных линий ионизированного гелия;

класс B: температура в интервале 12000-30000 К, цвет – голубовато-белый, преобладание спектральных линий нейтрального гелия и ионизированных азота и кислорода;

класс A: температура в интервале 7700-11500 К, цвет – белый, преобладание спектральных линий водорода, гелия, нейтральных железа и кальция и ионизированных атомов азота и кислорода;

класс F: температура в интервале 6100-7600 К, цвет – бело-жёлтый, преобладание спектральных линий водорода и ионизированных и нейтральных химических элементов-металлов;

класс G: температура в интервале 5000-6000 К, цвет – жёлтый, преобладание спектральных линий химических элементов-металлов, атомов водорода и калия;

класс K: температура в интервале 3700-4900 К, цвет – красноватый, или оранжевый, отсутствует непрерывный спектр, преобладание спектральных линий водорода и калия;

класс M: температура в интервале 2600-3600 К, цвет – красный, преобладание спектральных линий окиси титана, водорода, калия;

класс R: температура в интервале 4000-5000 К, цвет – красный, преобладание спектральных линий основного класса G;

класс N: температура в интервале 2000-3000 К, цвет – красный, преобладание спектральных линий основного класса G;

класс S: температура в интервале 2000-3000 К, цвет – красный, преобладание спектральных линий химических элементов лантан и иттрий, **подкласс основного класса К.**

Двумерная спектральная классификация звёзд – концепция классификации по критерию двух физических величин светил – эффективная температура; абсолютная звёздная величина. Двумерную спектральную классификацию звёзд создали и усовершенствовали специалисты Йоркской (Йеркской) обсерваториии США в 1940-1943 гг. – У. Морган и Ф. Кинан. По критерию начальных букв фамилий её разработчиков эта система (концепция) называется термином «**система МК**».

По критериям системы МК звёзды распределяются по классам светимости:

класс светимости 0, или Ia–0, Ia+ – сверхсверхгиганты, или гипергиганты;

класс светимости I с подразделениями Ia, Iab, Ib –
сверхгиганты; класс светимости II – яркие гиганты;

класс светимости III с подразделениями II–III, IIIa, IIIab, IIIb, III–IV – гиганты;

класс светимости IV – субгиганты;

класс светимости V – звезды главной последовательности, или карлики; класс светимости VI – субкарлики;

класс светимости VII – белые карлики.

В состоянии класса светимость V – звёзды главной последовательности, или карлики звёзды существуют около 90% своего времени эволюции.

По критерию «**блеск звезды**» создана новая концепция их классификации: переменные звёзды; нейтронные звёзды; кварковые звёзды.

Переменная звезда – класс звёзд, у которых наблюдается постоянное колебание видимого блеска, вызванное физическими процессами в поверхностных слоях звезды или в результате их взаимодействия в двойных звёздных системах. Переменных звёзд в составе галактики Млечный Путь определено в количестве более 100 тысяч индивидуальных звёзд. В ближайших галактиках Вселенной открыты несколько тысяч переменных звёзд.

Первую переменную звезду обнаружил астроном из Германии Давид Фабрициус в 1596 г. Непревзойдённый мировой рекорд по обнаружению переменных звёзд на основе анализа фотографий неба установил астрономом ФРГ К. Гофмейстер (1892-1968) – 10 тысяч переменных звёзд. В последнем издании «Общего каталога переменных звезд» за 2008 г. указаны более 46000 переменных звёзд галактики Млечный Путь, 10 тыс. переменных звёзд в иных галактиках, 10 тыс. возможных переменных звёзд.

Исследуя свойства переменной звезды и установив причину изменений её блеска, астрофизики более точно определяют важные её физические характеристики: размеры, масса, возраст – время её существования.

По критерию **«причина колебаний блеска»** выделяются классы переменных звёзд: затменная переменная звезда – звёздная система, один компонент которой периодически закрывает другой компонент системы от наблюдателя на Земле; физическая переменная звезда – группа звёзд, изменяющих свой видимый блеск по причинам внутренних закономерных физических процессов.

Физические переменные звёзды подразделяются на классы: новая звезда; сверхновая звезда; цефеида; эруптивная звезда.

Новая звезда – физическая переменная звезда, увеличивающая свой блеск от тысяч до миллионов величин в течение несколько часов с последующим возвращением к исходному состоянию блеска в течение нескольких недель. Новая звезда возникает в системе тесных двойных звёзд, в которой один из компонентов, представленный нейтронной звёздой или белым карликом, вырождается, и на него перетекает вещество с нормальной звезды.

В период перетекания вещества на поверхности вырожденной звезды возникает состояние критической массы вещества, происходят термоядерная реакция и термоядерный взрыв. В результате термоядерного взрыва с вырожденной звезды срывается её газовая оболочка и увеличивается её светимости в тысячи раз или в более редких случаях – в миллионы раз. Повторение цикла происходит по мере накопления очередной порции газа на оболочке вырожденной звезды и нового термоядерного взрыва.

Новые звёзды наблюдаются в основном на расстояниях несколько тысяч световых лет и не наблюдались на более дальних расстояниях по причине кратковременности их максимального блеска. Новые звёзды обнаружены в галактике Млечный Путь на уровне 0,01 доли её (Галактики) объёма и концентрацией в плоскости галактики Млечный Путь с возможным количеством более сотни новых звёзд в год. Специалисты открыли разное количество новых звёзд в галактиках, например, в галактике Млечный Путь новых звёзд более 150, в галактиках Магеллановые Облака – около 20; в галактике Туманность Андромеды – 230 .

Классы новых звёзд: типично быстрая новая звезда; повторная новая звезда; карликовая новая звезда типа U Близнецов. Первой наблюдаемой новой звездой была звезда класса «типично быстрая», вспыхнувшая в созвездии Орёл в 1918 г. и сфотографированная в 1922 г. Название этой звезды – Новая Орла. Астрофизики установили её физические свойства: расстояние от Земли – 360 пк; абсолютная звёздная величина до вспышки – $+5^m$; абсолютная звёздная величина после вспышки – -8^m, что соответст-вует увеличению блеска на 13^m; скорость расширения газовой оболочки после термоядерного взрыва составлял 1700 км/с.

Сверхновая звезда – класс физических переменных звёзд с увеличением своего блеска от миллионов до миллиардов раз в течение нескольких суток с последующим спадом светимости в период нескольких месяцев или лет. Критерий отнесения вспышек на небесной сфере к классу сверхновые звезды составляет величину 10^{34} Вт мощности оптического излучения. Причина перехода индивидуальной звезды на стадию сверхновой звезды является её взрыв, или вспышка на заключительной стадии своей эволюции, после которой звезда полностью разрушается.

Абсолютная звёздная величина сверхновой звезды после вспышки может достигать -19^m, что соответствует светимости более 4 млрд. раз светимости Солнца. Взрыв, вспышка сверхновой звезды происходит в определённой галактике один раз в период 50–300 земных лет. Изменения блеска сверхновой звезды происходят по закономерностям. Классы сверхновой звезды по критерию специфики закономерностей изменения своего блеска: сверхновая звезда I типа, или SNI; сверхновая звезда II типа, или SNII.

Сверхновая звезда I типа, или SNI – сверхновая звезда с характерными показателями изменения блеска, в том числе: максимальный уровень блеска наблюдается, поддерживается в период 6-8 суток; уменьшение блеска после максимума блеска в интервале 21-25 суток со скоростью $0^m,1$ в сутки; резкое замедление уменьшения блеска; при достижении звездой 70 суток от состояния после максимума блеска происходит уменьшение её блеска по экспоненциальному закону с постоянной скоростью уменьшения $0^m,137$ в сутки, или вдвое меньше за 55 суток, до наступления невидимости звезды.

Сверхновая звезда II типа, или SNII – сверхновая звезда с характерными показателями изменения блеска. Основные свойства свехновой звезды класса SNII: максимальный уровень блеска наблюдается (продолжается) 15-20 суток; уменьшение блеска после максимума блеска на несколько величин; плато на кривой блеска отличается постоянной величиной в течение десятков суток сохранение величины блеска; интенсивное уменьшение блеска до наступления невидимости звезды.

Цефеида – класс физических переменных звёзд сверхгигантов классов F и G, или жёлтых сверхгигантов с радиальными пульсациями и строго периодической изменчивостью своего блеска в пределах от нескольких суток до месяца. Впервые цефеида была обнаружена астрономами-любителями соседями-землевладельцами и помещиками Э.Пиготт и Дж. Гудрайк в конце 1783-1784 гг. в Великобритании. Они наблюдали в области созвездия Цефей два переменно светящихся небесных объекта, идентифицированных впоследствии специалистами как звезда η Орла и δ Цефея. По предложению Дж. Гудрайта данные объекты были названы «цефеиды».

К 21 в. установлено в галактике Млечный Путь несколько сотен цефеид; несколько тысяч цефеид открыто в иных галактиках Вселенной. По критерию устойчивости строгой периодичности изменения их блеска и мощности излучения энергии цефеиды названы «маяки Вселенной».

Классы цефеид по критерию «**период изменчивости блеска**»: цефеиды долгопериодические – цефеиды с периодом изменчивости блеска, или пульсирующие с периодом от 40 и более суток и максимумом своей активной величины $M_B = -5$; цефеиды короткопериодические – цефеиды с периодом изменчивости блеска, или пульсирующие с периодом от 0,05-1,2 суток.

Классы цефеид по критерию «**принадлежность к частям галактики Млечный Путь**»: классические цефеиды – цефеиды в составе плоскости, или плоской составляющей галактики Млечный Путь; сферические цефеиды – цефеиды в составе сферы, или сферической составляющей галактики Млечный Путь, в которой представлены звёзды созвездия Дева.

Классы цефеид по критерию «**время существования звезды**»: молодые цефеиды – цефеиды с массой около 1,5 m (массы Солнца), сосредоточенные в основном в рассеянных звёздных скоплениях; старые цефеиды – цефеиды с массой 3-12 m и светимостью в 4 раза менее светимости молодых цефеид, сосредоточенные в основном в шаровых звёздных скоплениях.

По наблюдениям цефеид разработаны правила определения расстояний до отдалённых частей галактики Млечный Путь и иных классов галактик

– цефеидный метод в астрономии. Астрономы наблюдают регулярное изменение скорости атмосферных слоёв звезды-цефеиды и по критериям зависимости период-светимость достаточно точно вычисляют некоторые классы измерений расстояний во Вселенной.

Впервые цефеидный метод с использованием результатов наблюдений над долгопериодическими цефеидами предложил астроном из США Е. Хаббл в 1919 г. Учёный использовал для вычислений шкалы расстояний наблюдения долгопериодических цефеид в галактиках Местной группы галактик. Е. Хаббл постоянно совершенствовал количественные показатели вычислений, в том числе, важнейший показатель – нуль-пункт зависимости «период-светимость» для цефеид, установленный астрономом США Г.Шепли в 1930 г.

С 1949 г. хаббловский метод установления шкалы расстояний по изучению долгопериодических цефеид галактик Малое Магеллано Облако и Большое Магелланово Облако был пересмотрен после появления более совершенных астрономических приборов, в том числе, 5-метрового оптического телескопа.

В 60-х гг. 20 в. астроном из США А.Сэндидж создал метод применения результатов наблюдений долгопериодических цефеид в качестве основного индикатора расстояний до компонентов в двух галактиках Магеллановые Облака.

Цефеидный метод с использованием класса звёзд «короткопериодические цефеиды» был разработан для определения шкалы расстояний до компонентов галактик Магеллановые Облака и до ближайших к Солнечной системе шаровых звёздных скоплений. Разработчики новой концепции цефеидного метода – астрономы из США Г. Шепли и Р. Вильсон.

Причиной строгой периодичности пульсаций цефеид объясняется клапанной концепцией, описанной физиком из СССР С.А. Жевакиным в 50-е гг.20 в. и предложенной в форме гипотезы астрофизиком из Великобритании А.Эддингтоном за 40 лет до исследований С.А.Жевакина.

По физической сущности цефеиды реализуют характерные для них свойства светимости и наблюдаемой яркости по причинам колебаний радиуса и температуры фотосферы. Эти колебания возникают вследствие нарушения баланса между силами гравитации и силами внутреннего давления газов и излучений, направленных за пределы границ звезды.

Эруптивные физические переменные звёзды – класс звёзд с закономерностями изменения своего блеска, вызванными внезапными изменениями их энергии по причине взрывоподобного физического процесса, после которого происходят периодические процессы выброса вещества звезды – эрупции. Переменность, периодичность блеска эруптивных физических переменных звёзд реализуется не по закономерностям пульсации.

Классы эруптивных звёзд по критерию «**специфика изменения блеска звезды**»:

карликовые горячие звёзды, или новые звёзды – эруптивные звёзды, которые по протяжении цикла от 1 суток до 100 суток увеличивают свой блеск на величины от 7^m до 16^m с возрастанем величины светимости в 100-1000000 раз и максимумом выделения энергии в 10^{45} эрг с последующим ослабеванием блеска в течение нескольких лет до первоначального показателя;

переменные карликовые звёзды типа U Близнецов или SS созвездия Лебедь – эруптивные звёзды, которые на протяжении цикла от 10 суток до 60 суток скачкообразно увеличивают свой блеск на величины от 2^m до 6^m;

переменные звёзды типа Z Андромеды, или симбиотические звёзды – эруптивные звёзды, которые периодически увеличивают свой блеск на величину 4^m по причинам вспышки горячей звезды компоненты двойной системы типа Z Андромеды;

переменные звёзды типа R созвездия Северная Корона – эруптивные звёзды, которые в своём цикле не периодически медленно изменяют свой блеск на величины от 1^m до 9^m по причинам колебаний содержания углерода в их фотосфере;

переменные звёзды типа Z созвездия Жираф – эруптивные звёзды, которые на протяжении цикла от 10 суток до 40 суток увеличивают свой блеск на величины от 2^m до 5^m с последующими продолжительными периодами поддержания постоянства своего блеска;

переменные звёзды типа UV созвездия Кит – эруптивные звёзды, которые в своём цикле изменяют блеск с амплитудой от 1^m до 6^m по причинам вспышек звёзд-карликов с выделением энергии от 10^{31} эрг 10^{33} эрг. В ос-новном к звёздам данного класса относятся звёзды класса карликовые спектральные звёзды К3–М6, выделенные по иным критериям классифи-кации звёзд;

переменные звёзды типа звезды FU созвездия Орион – эруптивные звёзды, которые в своём цикле изменяют блеск с амплитудой от 3^m до 6^m по причинам процессов их гравитационного сжатия. К звёздам данного класса относятся также звёзды класса, типа Т созвездия Телец.

Нейтронная звезда – космические объекты, возникшие в результате гравитационного коллапса нормальных звёзд, имеющие звёздную массу, состоящую в основном из нейтронов с плотностью, близкой к плотности атомного ядра и радиусом около 10-20 км. Масса всех известных нейтронных звёзд составляет около 1,4 массы Солнца. Нейтронная звезда представляет собой конечную стадию эволюции звёзд со значительными массами.

В оптическом диапазоне наблюдений нейтронны звёзды не наблюдаются по причине незначительного излучения своей энергии; нейтронные звёзды наблюдаются в основном в рентгеновском диапазоне астрономических наблюдений. Всего к 2007 г. было установлено наличие около 2000 нейтронных звёзд, большинство из которых представляют пульсары.

Пульсары – множество нейтронных звёзд, испускающих строго периодические импульсы электромагнитного излучения с периодом от 0,5 секунды до 1 секунды и количеством от 640 импульсов в секунду (и/с) до 1 импульса в секунду. Классы пульсаров по критерию «область спектра излучений»: радиопульсары; оптические пульсары; рентгеновские пульсары, или магнитары; гамма-пульсары; радиотихие пульсары. Первый пульсар класса радиопульсар был открыт в 1967 г. радиоастрономами Кембриджского университета.

На 2011 г. известно около 1970 радиопульсаров; ближайшие из них расположены на расстоянии около 0,12 кпк, или около 390 световых лет от Солнца. Вероятное число доступных наблюдениям радиопульсаров в галактике Млечный путь – $(24\pm3)\times10^3$, в иных галактиках – $(240\pm30)\cdot\times10^3$.

Класс «радиотихие нейтронные пульсары» открыт в 1996 г. в галактике Млечный Путь в количестве 7. Их назвали «великолепная семёрка» за необычные свойства, в том числе, отсутствие излучения в радиодиапазоне электромагнитного спектра. Группа из семи близких одиночных нейтронных звёзд удалённы от Земли на расстоянии от 200 до 500 пк (парсек)

Кварковые звёзды, или **странные звёзды** – космические объекты, возникшие в результате превращения нейтронного вещества звезды в кварковое вещество и имеющие радиус около 10 км. Гипотеза о возможности существования свободных кварков в составе недр нейтронных звёзд предложена астрофизиками СССР в 1965 г. Первые исследования кваркового класса, типа звёзд были опубликованы в статьях физиков-теоретиков из США – В.Фехнер и Р.Джосс – в 1978 г., Э.Виттен – в 1984 г.

В 1996 г. по результатам анализа астрономических наблюдений в рентгеновском диапазоне со спутника ROSAT группа астрофизиков США под руководством Ф.Волтера обосновала гипотезу об обнаружении странной звезды в месте наблюдения небесного объекта RXJ856-37. Кандидатами на идентификацию в качестве кварковых, странных звёзд являются еще несколько небесных объектов, регистрируемых в рентгеновском диапазоне астрофизических наблюдений.

По результатам спектральных исследований звёзд астрофизике звёзд разработана система знаний о статистической зависимости между их основными характеристиками, физической природой (сущностью), стадий эволюции в данной совокупности звёздных тел.

Графическое изображение соотношения указанных величин создал в период 1905-1913 гг. астрофизик из Дании Э. Герцшпрунг (1873-1967) и астрофизик из США Г. Н. Рессел (Рассел) (1877-1957). По критерию авторства графические системы выражения состояния температуры и мощности излучения, светимости звезды называются «диаграмма Герцшпрунга-Рессела», или «**диаграммма температура-светимость**».

Каждая звезда существует определённое время в одном из исследованных состояний. В классе V звезда существует около 90% своего времени до расходования, истощения процессов термоядерного горения водорода в её центре. В классе «гигант» звезда в зависимости от специфики её химического состава пребывает около 10%. существования. В этом состоянии энергетическим источником звезды является горение водорода в слое вокруг сформированного изотермического гелиевого ядра звезды, которому свойственен температурный постоянный процесс изменений.

Пребывание в таком физико-химическом состоянии называется стадией красного гиганта. После возгорания гелия в ядре звезды она перемещается вновь в класс V, а после исчерпания своих источников энергии звезда переходит в класс белых карликов.

Исследования физических свойств звёзд Вселенной гипотетичны по причине их удалённости от приборов на Земле и в космических аппаратах околоземного космоса. Критерием истинности вычислений и наблюдений их свойств выступает информация о физических и химических свойствах одного из типичных звёздных тел – Солнца.

Концепции астрофизики планет

Астрофизика планет, или планетная астрофизика – астрономическая наука о физических и химических свойствах планет Солнечной системы и планет иных звёздных систем. Основное содержание достижений астрофизики планет составляет информация о планетах Солнечной системы.

В абстрактном значении планета есть небесное тело шарообразной формы с гравитационной дифференциацией вещества по глубине, распределенной по концентрическим оболочкам, обусловленную отражённым светом звезды светимостью и движением в пределах гравитационного поля звезды.

Более точное определение: планета – небесное тело, вращающееся по орбите вокруг звезды или её остатков, достаточно массивное, чтобы стать округлым под действием собственной гравитации, но недостаточно массивное для начала термоядерной реакции, сумевшее очистить окрестности своей орбиты от планетезималей – пыли, газа и более мелких тел.

Планета Солнечной системы по критериям решения **MAC**, принятого в **2006** г., есть небесное тело, обращающееся по орбите вокруг Солнца, имеющее достаточную массу для принятия формы гидростатического равновесия под действием собственной гравитации, расчистившее окрестности своей орбиты от иных объектов.

Тела, удовлетворяющие первым двум условиям, исключая третье условие, классифицируются как карликовые планеты Солнечной системы, если они не являются спутниками какой-либо планеты. Новое определение основано на теории планетарного формирования, по которой небесные объекты-будущие планеты очищают космос вокруг себя от пыли, газа и более мелких тел.

Первичной физической характеристикой планеты является масса. Планетная масса достаточна для преобладания собственной планетной силы тяжести над электромагнитными силами, которые необходимы для связывания вещества в состояние гидростатического равновесия. Под действием фактора массы все планеты являются сферическими (сфероидальными) по пространственной (геометрической) форме.

До определённой нижней величины массы объект космоса может иметь неправильную геометрическую форму. После достижения нижней величины массы гравитационные силы начинают стягивать небесное тело к его собственному центру массы и до приобретения им сфероидальной формы.

Верхний предел массы для планеты составляет количественную величину – **13 масс планеты Юпитера.** Если количественная величина массы объекта космоса превышает показатель 13-ти масс планеты Юпитера, то достигаются все условия для начала термоядерного синтеза, а объект космоса является непланетным.

По решению Международного астрономического союза (МАС) 2006 года в Солнечной системе имеется **8 классических планет в порядке удаления от Солнца:** Меркурий, Венера, Земля, Марс, Юпитер, Сатурн, Уран, Нептун.

В Солнечной системе имеется также по решению МАС 2006 года **5 карликовых планет:** Плутон, Макемаке, Хаумеа, Эрида, Церера. Карликовая планета Плутон до 2006 года оценивалась девятой планетой Солнечной системы.

Юпитер – самая массивная из планет Солнечной системы с массой, равной 318 земных масс. Меркурий по критерию массы имеет наименьшую массу из состава классических планет Солнечной системы: его масса составляет 0,055 от массы Земли.

Планеты Солнечной системы классифицируются по группам (категориям): планеты земного класса, газовые гиганты, ледяные гиганты, карликовые планеты.

Планеты земного класса (типа), или **землеподобные планеты** – космические объекты, состоящие из горных пород. Множество планет земного класса составляют Меркурий, Венера, Земля, Марс.

Планеты «**газовые гиганты**» – космические объекты, состоящие из газовой фазы вещества и значительно массивные в сравнении с планетами земной группы. Множество газовых гигантов составляют Юпитер, Сатурн, Уран и Нептун.

Планеты «**ледяные гиганты**» – подкласс планет газовых гигантов, у которых относительно «небольшая» масса в пределах 14-17 земных масс, малые концентрации (запасы) гелия и водорода в атмосферах, большие пропорции горных пород и льда. Множесво «ледяные гиганты» составляют Уран и Нептун.

Планеты класса «**карликовые планеты**» – небесное тело, обращающееся по орбите вокруг Солнца, имеющее достаточную массу для принятия формы гидростатического равновесия под действием собственной гравитации, но не освободившие окрестности своей орбиты от планетезималей – пыли, газа и более мелких тел. В настоящее время специалисты МАС признают 5 карликовых планет в Солнечной системе: Церера, Плутон, Хаумеа, Макемаке, Эрида.

Вероятно, ещё 200 небесных тел будут оценены в статусе карликовой планеты Солнечной системы. Все карликовые планеты являются частями множества небесных тел Солнечной системы: Церера – тело в астероидном поясе; Плутон, Хаумеа и Макемаке – тела пояса Койпера; Эрида – тело рассеянного диска.

Специалисты Международного астрономического союза 11 июня 2008 г. приняли решение о введении понятия «**плутоид**». К множеству «плутоид» относятся карликовые планеты Плутон, Эрида, Макемаке, Хаумеа. Карликовая планета Церера не относится к плутоидам.

Основные физические методы познания физических свойств планет Солнечной системы: спектральные методы; фотометрические методы; радиолокация планет; анализ атмосферы или вещества на поверхности планет Солнечной системы приборами космических летательных аппаратов.

Планеты Солнечной системы возникли около **4,5-5 млрд. лет** тому назад. Планеты сформировались по времени после образования Солнца. По мнению специалистов, планетное вещество в момент формирования планет обладало характеристиками с более высоким удельным моментом импульса, чем вещество, из которого образовалось Солнце.

Свойства каждой из планет Солнечной системы зависят от трёх физических параметров: масса планеты; расстояние от Солнца; химический состав. Все планеты Солнечной системы обращаются вокруг Солнца в одну сторону по орбитам, близким к окружности, а также совершают во время обращения вокруг Солнца вращение вокруг собственной оси.

Венера и Уран вращаются вокруг своей оси в направлении, противоположном орбитальному обращению вокруг Солнца. Иные планеты Солнечной системы вращаются вокруг своей оси в направлении, совпадающем с орбитальным обращением вокруг Солнца.

Все планеты Солнечной системы имеют атмосферу с разной плотностью. Источники атмосферы планет Солнечной системы: медленное высвобождение газов из твёрдых пород; вулканические процессы; непрерывная бомбардировка поверхности планет ионами солнечного ветра, микрометеоритами и веществом комет. Постепенно атмосферы планет Солнечной системы теряют свой газовый состав по причинам переходов («убегания») лёгких газов в космос.

Внутреннее строение планет Солнечной системы рассчитывается на вещественных моделях по критериям плотности вещества планеты, её химического состава, свойств пород или газов.

Предполагается, что планеты земной группы должны иметь железные или железоникелевые планетные ядра. Планеты-гиганты по критерию преобладания в них водорода должны иметь в своём ядре чрезвычайно уплотнённые сжатые расплавы тяжёлых пород.

Источники энергии планет Солнечной системы: поглощаемая планетами солнечная радиация, или солнечное излучение; радиоактивный распад элементов с большим временем полураспада; нагрев электрическими токами, которые индуцируются при их движении в магнитном поле планет-гигантов; внутренняя энергия процессов медленного сжатия планеты; энергия, выделяющаяся при падении на поверхность планет в период их формирования значительного количества космических тел.

Каждой из планет Солнечной системы свойственны индивидуальные физические характеристики, некоторые из которых установлены с высокой точностью:

Множество характеристик планет состоит из следующих физических величин:

среднее расстояние от Солнца в астрономической единице (а. е.); масса М в единице измерения килограмм (кг); средняя плотность вещества ρ в единице измерения грамм на кубический сантиметр (г/см^3); скорость убегания V_{esc} в единице измерения километр в секунду (км/с); средняя температура Т поверхности для планет земной группы и Плутона; эффективная температура T_{eff} для планет-гигантов в единице измерения кельвин (К); магнитная индукция B_0 на магнитном экваторе в единице измерения гаусс; давление Р у поверхности планеты в единице измерения бар; основные газы атмосферы; высота атмосферы H в соответствии с величиной падения плотности; иные характеристики [1, с. 225].

Физические характеристики планеты Солнечной системы Меркурий: 0,387 а. е.; М $3,30 \times 10^{23}$ кг; ρ 5,5 г/см^3; V_{esc} 4,4 км/с; 100-725 К; B_0 3×10^{-3} гаусс; Р 5×10^{-15} бар; газы атмосферы: гелий, аргон, неон; 13^{-95} H.

Физические характеристики планеты Солнечной системы Венера: 0,723 а. е.; М $48,7 \times 10^{23}$ кг; ρ 5,2 г/см^3; V_{esc} 10,4 км/с; 733 К; B_0 – нет; Р 92 бар; газы атмосферы: углекислый газ около 95%, азот и др.; 16 H.

Физические характеристики планеты Солнечной системы Земля: 1,00 а. е.; М $59,74 \times 10^{23}$ кг; ρ 5,5 г/см^3; V_{esc} 11,2 км/с; 288 К; B_0 0,31 гаусс; Р 1,0 бар; газы атмосферы: кислород, азот и др.; 8,5 H.

Физические характеристики планеты Солнечной системы Марс: 1,52 а. е.; М $6,42 \times 10^{23}$ кг; ρ 3,9 г/см^3; V_{esc} 5,0 км/с; 215 К; B_0 – нет; Р 6×10^{-3} бар; газы атмосферы: углекислый газ, азот и др.; 8,5 H.

Физические характеристики планеты Солнечной системы Юпитер: 5,20 а. е.; М 18986×10^{23} кг; ρ 1,33 г/см^3; V_{esc} 59,5 км/с; T_{eff} 124 К; B_0 4,3 гаусс; Р – нет; газы атмосферы: водород, гелий и др.; 8,5 H.

Физические характеристики планеты Солнечной системы Сатурн: 9,54 а. е.; М 5685×10^{23} кг; ρ 0,69 г/см^3; V_{esc} 35.5 км/с; T_{eff} 95 К; B_0 0,22 гаусс; Р – нет; газы атмосферы: водород, гелий и др.; 8,5 H.

Физические характеристики планеты Солнечной системы Уран: 19,19 а. е.; М $869,3 \times 10^{23}$ кг; ρ 1,32 г/см^3; V_{esc} 21,3 км/с; T_{eff} 59 К; B_0 0,14 гаусс; Р – нет; газы атмосферы: водород, гелий и др.; 8,5 H.

Физические характеристики планеты Солнечной системы Нептун: 30,07 а. е.; М 1024,3×10^{23} кг; ρ 1,64 г/см^3; V_{esc} 23,5 км/с; T_{eff} 59 К; B_0 0,31 гаусс; P – нет; газы атмосферы: водород, гелий и др.; 8,5 H.

На начало 2013 г. известно о существовании 843 экзопланет в 665 планетных системах галактики Млечный Путь и иных галактиках Вселенной. Информация об экзопланетах – планетах несолнечных звёздных систем – отличается значительной вероятностью, получена астрофизиками за последние 20 лет методами космической астрономии.

Специалисты НАСА США в начале 2013 г. предложили концепцию о наличии в галактике Млечный путь около 17 млрд. планет, аналогичных планете Земля. Такой вывод был сделан на основе исследования результатов наблюдения космического телескопа «Кеплер».

Концепции астрофизики Солнца

Астрофизика Солнца – астрономическая наука о физических и химических свойствах Солнца. По критериям двумерной спектральной классификации звёзд Солнце относится к **пятому классу светимости главной последовательности множества звёзд**. По критериям внутреннее строение, непрерывный спектр и спектральный класс Солнце имеет возраст около 5 млрд. лет.

Солнце является единственным объектом космоса, у которого астрофизики способны исследовать все слои атмосферы звезды. Основные физические параметры (свойства) Солнца: светимость; радиус; масса; средняя плотность вещества; магнитные свойства; система гелиографических координат; спектр; строение; химический состав; температурные параметры; иные.

Количественно **величина светимости Солнца** составляет $3,8×10^{26}$ Вт, или $3,8×10^{33}$ эрг/с, или $4×10^{33}$ эрг/с.

Радиус Солнца определяется как размер фотометрического края круга, в точке изменения, перегиба монохроматического излучения с длиной волны λ, равной 5 000 Å. Численное значение такого радиуса соответствует линейному радиусу 696 000 км, учитывая среднее расстояние от Земли до Солнца, равное 1 а. е., или $150×10^6$ км. Специалисты вычислили также физический параметр радиуса Солнца величиной $7×10^{10}$ см.

Масса Солнца рассчитывается по третьему закону Кеплера и составляет около $2×10^{30}$ кг, или $2×10^{33}$ г. Масса Солнца составляет 333 тыс. масс Земли.

Ускорение силы тяжести на условной поверхности Солнца также выводится вычислениями и равно 274 м/с^2. Средняя плотность Солнца составляет 1,4 г/см³.

Магнитные свойства Солнца. Солнце является многополюсным магнитом с постоянно меняющейся конфигурацией магнитного поля в его (Солнца) атмосфере. Полный магнитный поток Солнца за 11-летний цикл активности меняется 4-5 раз.

Так как Солнце – не твёрдое тело, то особенности его вращения определяются системой гелиографических координат, которые изменчиво связаны с различными точками и зонами поверхности светила. Начальным гелиографическим меридианом признана линия сечения, которая 1 января 1854 г. в 0h по всемирному времени проходила через точку пересечения солнечного экватора с эклиптикой.

Наружные слои вещества Солнца движутся с различными скоростями и периодами: у экватора слои вещества Солнца вращаются с сидерическим периодом в 25,4 земных суток; синодический экваториальный период вращения вещества Солнца составляет 27,3 земных суток; период вращения вещества Солнца вблизи полюсов – 30 земных суток.

Видимая наблюдателями на Земле область электромагнитного излучения Солнца представлена непрерывным спектром, на который накладываются несколько десятков тысяч темных линий поглощения. Эти линии называются «фраунгоферовые линии», так как их впервые описал физик Й. Фраунгофер в 1914 г.

Спектрографическим методом установлен **химический состав Солнца**: водород составляет 73% от массы и 92% от объёма; гелий – 25% от массы и 7% от объёма; иные элементы с малой концентрацией: железа, никеля, кислорода, азота, кремния, серы, магния, углерода, неона, кальция и хрома.. Средняя плотность Солнца составляет 1,4 г/см³.

Температурные параметры внешних слоев Солнца определяются разными методами по критерию «яркость электромагнитного излучения Солнца». Вычислены классы температур внешних слоёв Солнца с их вероятными величинами: эффективная температура Солнца с величиной в 6 750 К (Кельвин), определяемая по максимуму излучения спектра Солнца; эффективная температура Солнца с величиной в 5780-5800 К, определённая по полному потоку солнечного излучения.

По критерию распределения энергии в различных участках солнечного спектра рассчитаны численные показатели **девяти яркостных** температур Солнца и **двух цветовых** температур Солнца, **минимальная** из которых составляет около **4 200 К.**

Наблюдаемое электромагнитное излучение Солнца распространяется с внешних слоёв, называемых **«солнечная атмосфера»**. Основные части солнечной атмосферы: фотосфера; хромосфера: корона Солнца, или солнечная корона.

Слои солнечной атмосферы, где образуется видимое и приходящее на Землю излучение, энергия, называются **«фотосфера»**. Фотосфера наблюдается в белом свете как видимая поверхность Солнца. Основные наблюдаемые части фотосферы Солнца – гранулы, пятна, факелы.

Доказано, что фотосфера представляет собой непрозрачный слой газа с физическими параметрами: толщина 200 км; температура 5-7 тыс. К; давление около 0,1 атм.; концентрация частиц 10^{16}-10^{17} в 1 см^3; содержит 90% поступаемого на Землю электромагнитного излучения. Над фотосферой расположены верхние слои атмосферы Солнца – хромосфера и солнечная корона.

Хромосфера Солнца – расположенный над фотосферой слой солнечной атмосферы алого цвета толщиной 3-10 тыс.км.

Солнечная корона представляет собой внешнюю часть атмосферы Солнца, состоящую из очень разреженной плазмы – полностью ионизированного газа – с температурой около миллиона К (Кельвин), излучаемую в рентгеновском диапазоне спектра Солнца. Исследованные механизмы, способы излучения солнечной короны: собственно тепловое излучение плазмы Солнца; томпсоновское рассеяние оптического света Солнца; рассеяние солнечного излучения на межпланетной пыли.

Основные структурные элементы солнечной короны, обнаруживаемые в рентгеновском диапазоне: корональные лучи; корональные дыры. Динамическое продолжение солнечной короны регистрируется до пределов 100 а. е. от Солнца, выходит далеко за орбиту Земли.

Расширение внешней солнечной короны в межпланетное пространство Солнечной системы называется **солнечный ветер**. Скорость солнечного ветра превышает скорость звука, постепенно увеличивается по мере удаления от Солнца, в пределах Земли составляет 300-400 км/с. Посредством солнечного ветра в межпланетном пространстве Солнечной системы распространяются протоны, электроны и иного класса элементарные частицы, формируется межпланетное магнитное поле, создаются ударные космические волны.

Солнечный ветер состоит из трёх особенных потоков (видов) заряженных частиц, в каждом из которых содержится одинаковое соотношение изотопов аргона и неона. Изученные виды (классы) заряженных частиц солнечного ветра: высокоскоростной поток частиц; медленный поток частиц; поток частиц, вызванный взрывом на Солнце.

В солнечной атмосфере временами возникают быстро изменяющиеся образования – проявления солнечной активности: солнечные пятна; фотосферные факелы; флоккулы; солнечные вспышки; протуберанцы; корональные конденсации; корональные транзиенты.

Солнечные пятна – возникающие и исчезающие затемнения отдельных участков фотосферы, характеризуемые увеличением напряженности сильного магнитного поля Солнца, пониженными температурами, излучением, газовым давлением, продолжительностью от нескольких суток до ста суток.

Фотосферные факелы – яркие образования, предваряющие появление солнечных пятен и (или) расположенные вокруг солнечных пятен, возникающие по причинам перемещения, конвекции вещества и влияния силовых линий слабого магнитного поля.

Флоккулы – яркие пятна хромосферы, совпадающие по своим формам с положением фотосферных факелов;

Солнечные вспышки – мощные и быстроразвивающиеся проявления сильного электромагнитного излучения в отдельных нижних участках солнечной короны и хромосферы. Причина солнечной вспышки – резкие (крутые) градиенты (изменения) магнитного поля, энергия которого переходит в локальный нагрев плазмы с показателем 10^7–10^8 К, в энергию ускоренных протонов и электронов, в кинетическую энергию коронального выброса.

Солнечная вспышка длится от нескольких минут до нескольких десятков минут с выделением энергии около 10^{32} эрг. Через 1-2 суток выделяющие в результате солнечной вспышки потоки солнечных космических лучей воздействуют на верхние слои атмосферы Земли и её магнитное поле. Солнечная вспышка является высшим проявлением солнечной активности.

Протуберанцы, или солнечные облака – крупномасштабные уплотнения плазмы в хромосфере и короне обычно в форме дуг с основным движением газа вниз к центру Солнца с температурой 10^4 К, длиной в сотни тысяч км и шириной около 6-10 тыс. км.

Корональные конденсации – уплотнения коронального вещества в виде округлых облаков различных форм, расположенных над пятнами фотосферы.

Корональные транзиенты – изменения веществ короны, вызванные вспышками или взрывами некоторых видов протуберанцев.

Время, эпоха наибольшей численности проявлений солнечной активности называется **максимум солнечной активности**, период отсутствия активных проявлений солнечной активности называется **минимум солнечной активности**. Максимумы и минимумы солнечной активности повторяются в среднем через 11 лет.

В зависимости от фазы солнечной активности на Землю без учёта потерь в атмосфере поступает **1367-1368 Вт/м^2 солнечной энергии**.

Солнце является физическим объектом с высокими значительно изменяющимися показателями электромагнитных излучений в гамма-диапазоне, рентгеновском и радиодиапазонах. Общие величины поступления рентгеновского и гамма электромагнитных излучений, поступающих от Солнца, отличаются непостоянностью и различаются в десятки раз.

Промежутки времени между некоторыми видами максимумов солнечной активности составляют в среднем 7-17 лет. Рассчитаны более длительные максимумы солнечной активности: 22 летний цикл максимума солнечной активности, или цикл Хейла; ряд Шове – цикл максимумов солнечной активности величиной 80-90 лет; определён 35-летний цикл метеорологических явлений на Земле, связанный с 11-летними циклами максимумов солнечной активности. Установлен Маундеровский минимум солнечной активности.

Исследования солнечной активности существенны для современной радиотехники, космонавтики, профилактики и лечения заболеваний человека, эволюции жизни на Земле и онтогенеза организмов. Солнечная активность непосредственно влияет, воздействует на внешние ионизированные слои атмосферы Земли; на объекты живой и неживой природы Земли её влияние опосредованно. Отдельные состояния зависимости состояний Земли и жизни, в том числе жизни людей, образуют сложную последовательность, недостаточно исследованную на эмпирическом уровне познания.

Исследуются **три** класса воздействия, влияния солнечной активности непосредственно на объекты Земли: коротковолновое излучение активных областей Солнца; космические лучи; корональные выбросы плазмы Солнца, ответственные за магнитные бури на Земле, или – состояние усиления солнечного ветра.

Физические показатели ненаблюдаемых внутренних слоев Солнца рассчитываются с высокой степенью вероятности. Вблизи центра Солнца температура превышает 10 млн. К, давление составляет сотни миллиардов атмосфер, плотность вещества – в пределах 149 г/см^2. Такого рода физические показатели соответствуют ионизированному состоянию вещества, которое представлено в основном **атомными ядрами с размерами 10^{-15} м.**

Между атомными ядрами и элементарными частицами происходят непрерывные взаимодействия и ядерные реакции. Рассчитано, что элементарная частица протон ежесекундно испытывает миллионы столкновений, соответствующие числу 10^{37}, но только одно из этих столкновений завершается распадом протона и объединением результатов распада с другим протоном.

Определены два основных источника энергии Солнца: водородный цикл; углеродный цикл. Первичным источником энергии в недрах Солнца является протон-протонная цепочка, последовательность термоядерных реакций, или **водородный цикл**.

В центре Солнца энергетически важен **углеродный цикл термоядерных реакций,** составляющий до 30% энерговыделения центра Солнца и 12% общего солнечного энерговыделения. В процессе углеродного цикла термоядерных реакций 4 протона сливаются в α-частицу только при наличии атома углерода.

Водородный и углеродный циклы имеют результатами превращение водорода в гелий, образование огромных количеств энергии, выделение потоков нейтрино и других элементарных частиц и атомов.

Поток солнечных нейтрино, достигаемых Земли, равен числу 10^{11} нейтрино/(с×см^2). Скорость нейтрино близка к скорости света. Эта частица чрезвычайно слабо взаимодействует с веществом, поэтому необходимы сложные эксперименты по её регистрации.

Проведены хлор-аргоновый (США, 1967), галлиевый – (Россия, 1990), водно-детекторный (Япония, 90-е гг. 20 в.) эксперименты по обнаружению солнечных нейтрино, изучению их свойств и свойств глубин Солнца, учитывая свойства регистрируемых нейтрино.

ПРОБЛЕМАТИКА И КОНЦЕПЦИИ КОСМОГОНИИ

Космогония – астрономическая наука о свойствах и закономерностях происхождения и эволюции небесных тел.

В составе космогонии представлены автономные науки: космогония планетных систем; космогония звёзд; космогония галактик. Так как наблюдаемый космос является современностью, а космогония исследует прошлое небесных тел, то в космогонии применяются 5 групп методов:

вероятностный метод экстраполяции общих законов физики по поводу возможных состояний небесного тела в прошлом;

эволюционный метод – теоретическое, рационально-логическое исследование последовательности возможных процессов и стадий в прошлом, которые причинно обусловили современное состояние небесного объекта;

астрометрические наблюдения небесных тел, находящихся на разных стадиях эволюции; сравнение достигнутых результатов;

спектроскопические методы.

Концепции космогонии планетных систем

Космогония планетных систем – астрономическая наука о происхождении и изменениях физическо-химических свойств планет Солнечной системы и экзопланет.

Достижения космогонии планетных систем: гипотезы происхождения и эволюции Солнечной планетной системы; открытия экзопланет в 90-е гг. 20 в.

С 17 века учёные создали не менее **22** оригинальные концепции происхождения Солнечной системы с её планетами. Авторами концепций происхождения и эволюции Солнечной планетной системы являются: Р. Декарт (1644), Ж. Л. Бюффон (1745), И. Кант (1755), П. С. Лаплас (1796), А. Бикертон (1878), Т. К. Чемберлин (1901), О. Биркеланд (1912), С.А. Аррениус (1913), Х. Джеффрис (1916), Дж.Х. Джинс (1917), Х. П. Берлаге (1930), Г.Н. Рессел (1935), Дж. Литлтон (1936), Х.О. Альфвен (1942), О.Ю. Шмидт (1943), К. Вейцзеккер (1944), Ф. Хойл (1944), Ф.Л. Уиппл (1947), Д. Тер Хар (1948), Дж.П. Койпер (1949); Д. Хестер (2004); А. Зийстра (2005).

В результате исследований гипотез сложилась космогоническая концепция или теория образования планет Солнечной системы из твёрдых частиц протосолнечного допланетного газопылевого облака. Причиной уплотнения первичного газопылевого допланетного облака признана ударная волна от взрыва точно неопределённой по настоящее время сверхновой звезды в Метагалактике или в галактике Млечный Путь.

После такого мощного воздействия масса газопылевого облака начала сжиматься и организовываться под действием силы тяжести в разных местах, а в центре стали формироваться планеты. В частности, планета Земля формировалась около 10^8 лет назад.

Экзопланета, или внесолнечные планеты – планетные системы около звёзд вне Солнечной системы. Экзопланеты могут быть обнаружены только в результате особо точных косвенных астрономических наблюдений и математических вычислений, так как планеты в сравнении со звездами являются объектами, которые не являются энергетическими источниками и светятся только отражённым светом. По этой причине ни одна из планет вне Солнечной системы не наблюдалась методами наземной оптической астрономии.

Основные методы обнаружения экзопланет: радионаблюдение пульсаров; метод радиальных скоростей; транзитный метод; метод синхронизации; визуальное наблюдение; гравитационное линзирование; астрометрический метод; метод Доплера – спектрометрическое измерение радиальной скорости звезды.

Радиоастрономическими методами впервые в 1993 г. была вычислена планетная система у нейтронной звезды-радиопульсара. Астрофизики США в 2004 г. сообщили об обнаружении с помощью космического оптического телескопа «Хаббла» 180 внесолнечных планет. К началу 2013 г. достоверно подтверждено существование 853 экзопланет в 672 планетных системах, из которых в 126 имеется более одной планеты.

Общее количество экзопланет в галактике Млечный Путь – от 100 миллиардов, в том числе от 5 до 20 миллиардов экзопланет возможно являются «землеподобными». В 2007 г. был получен впервые спектральный анализ двух экзопланет с обозначениями: HD 209458 b; HD 189733 b.

Специализированные на поисках экзопланет космические телескопы: «COROT», созданный специалистами Европейского космического агенства и выведенный на орбиту Земли 27 декабря 2006 г.; «Кеплер», созданный специалистами НАСА и выведенный на орбиту Земли 7 декабря 2009 г.

Специалисты NASA используют космический телескоп «Кеплер» для поисков экзопланет землеподобной группы, у которых ожидается наличие разумной жизни и разумных коммуникативных цивилизаций.

Концепции звёздной космогонии

Звёздная космогония, или космогония звёзд – астрономическая наука о происхождении и эволюции физическо-химических свойств звёзд. Так как звезды на разных стадиях эволюции представлены для наблюдений в значительном количестве в сравнении с количеством планет Солнечной системы и экзопланет, то достоверность знаний звёздной космологии более обоснована эмпирическими методами.

Происхождение звёзд объясняется по современной концепции последовательного усложнения относительно простого состояния вещества – газопылевой диффузной среды, или газопылевого диффузного вещества.

В состоянии **газопылевой диффузной среды** твёрдое вещество по причинам внешнего воздействия ударной волны после взрыва сверхновой звезды или по иным причинам начинает процесс внутреннего гравитационного сжатия. Внутреннее гравитационное сжатие вещества является естественным процессом природы, так как гравитация по сущности – это сила притяжения.

Гравитационное сжатие по причине неустойчивости гигантской газопылевой диффузной среды постепенно дробится, фрагментируется на более мелкие образования. Эта гипотеза начала возникновения звёзд подтверждается наблюдениями за формирующимися звездами, которые возникают группами, скоплениями. Массы формирующихся звёзд не случайны, соотносимы к значению массы Солнца.

Важными следствиями гравитационного сжатия выступают процессы повышения плотности вещества, многократного перепоглощения веществом своего излучения и саморазогревания. Эти физические явления приводят к формированию **протозвезды** – устойчивому дозвёздному телу, в котором образовавшееся ядро окружено газовой непрозрачной оболочкой, а силы гравитационного сжатия уравновешиваются газовым давлением оболочки. Масса ядра увеличивается по мере падения атомов и частиц вещества из газовой оболочки в ядро в результате действия гравитационных сил.

Физический процесс гравитационного притяжения, захвата вещества с последующим выпадением его на космический объект называется аккреция. Увеличение массы формирующейся звезды изменяет показатели её светимости в сторону увеличения интенсивности светимости звезды.

После достижения определённого показателя соотношения массы и светимости аккреция останавливается под влиянием возрастающего давления излучения. Давление излучения после прекращения аккреции начинает отталкивать вещество, не успевшее попасть на сформированное ядро.

Образовавшееся ядро первичной звезды протозвезды постепенно переходит в новое физическое состояние гидростатического равновесия, при котором в недрах образованного ядра начинаются автономные энергетические процессы термоядерных реакций образования гелия из водорода.

Достижение такой стадии эволюции газопылевого диффузного вещества равнозначно созданию звезды с ее специфическими свойствами, выделенными в классификационных классах и, в особенности, в системе МК.

Спектральный класс сформировавшейся звезды в основном определяется её массой. Так как масса звезды состоит в основном из водорода, то звёздные процессы обусловливаются химическими реакциями водорода с другими элементами. Возникшая звезда занимает свое место на главной последовательности, изображенной на «диаграмме Герцшпрунга-Рессела», или диаграммме температура-светимость.

Форму и содержание последующей эволюции сформированной звезды определяют ее начальные физические и химические параметры стадии главной последовательности. Пребывание на стадии главной последовательности составляет около **90%** времени существования сформированной звезды и зависит от выгорания водорода в её ядре.

Выгорание водорода означает его преобразование в химический элемент гелий, у которого молекулярная масса более высокая. Под действием накопления гелия вещество ядра звезды увеличивается, радиус ядра уменьшается, температура ядра звезды повышается, светимость звезды возрастает.

Результатом такого рода специфических процессов является переход звезды на новую стадию своей эволюции – стадию **«красный гигант»**. На этой стадии эволюции звезды образовалось изотермическое гелиевое ядро, лишённое источников энергии извне и изнутри.

По законам физических и химических взаимодействий гелий вступает в особую термоядерную реакцию, называемую «тройной α-процесс» с очень высокими энергетическими показателями. Переход на стадию красного гиганта обязателен для звёзд всех классов.

Достижение красным гигантом критической массы, меньшей, чем результат умножения числового показателя 1,44 на показатель массы Солнца, означает новую стадию её эволюции – состояние **«белый карлик»**. Белый карлик – объект с массой, соразмерной массе Солнца, но с радиусом в десятки и сотни раз меньшим в сравнении с современным радиусом Солнца.

Величина белого карлика составляет в среднем 1027 км, или около 0,01 радиуса Солнца, плотность вещества в таком теле – около 10^5-10^6 г/см^3. Стадия белого карлика неизбежна для звёзд с начальной массой менее пяти масс Солнца.

Для Солнца переход в состояние белого карлика произойдет в период от 9×10^9 до 13×10^9 лет времени существования Солнца. Настоящий период существования Солнца составляет $4,7\times10^9$ лет. Стадия красного гиганта у Солнца продлится 5×10^8 лет. Затем после около 5×10^7 лет будет реализовываться стадия горения гелия и более тяжёлых элементов в ядре и окружающем его слое, после чего Солнце превратится в остывающее состояние белого карлика.

Эволюция звёзд с начальной массой более восьми масс Солнца закономерно завершается стадией термоядерного взрыва, или вспышкой сверхновой звезды. Этот процесс ограничен по времени до нескольких сотен дней и является периодом максимальных показателей абсолютной звёздной величины, светимости, излучения энергии. Некоторые виды, классы белых карликов могут проходить данную стадию завершения своего существования, если имеют массу в пределах от 4 до 8 масс Солнца.

Вспышки сверхновых звёзд зафиксированы в нашей Галактике астрономами человечества без систематического исследования в 1006 г., 1054 г., 1572 г., 1604 г. Систематически профессионально наблюдаемые с Земли вспышки сверхновой звезды произошли в 1885 г. в галактике Туманность Андромеды, в 1987 г. в галактике Большое Магеланово Облако.

Вспышка сверхновой звезды в галактике Большое Магелланово Облако была зафиксирована 24 февраля 1987 г. Этот день признан уникальным астрономическим событием в науке. В результате вычислений установлено, что событие образования сверхновой звезды произошло 163 тысячи лет назад, так как эта галактика находится от Земли на расстоянии 50 кпк. После стадии взрыва сверхновой звезды эволюционирующая звезда либо прекращает существвание, либо сохраняется в состоянии нейтронной звезды.

Состояние нейтронной звезды достигается не только после вспышки сверхновой звезды, но и в результате нейтронизации вещества – превращения протонов в нейтроны в условиях необходимого минимума энергии. Нейтронизация вещества у эволюционирующих звёзд сопровождается гравитационным коллапсом – процессом гидродинамического сжатия тела по причине действия собственных сил тяготения.

Данный процесс реализуется катастрофически, если скорость сжатия близка к скорости свободного падения тела. Если масса звезды была в интервале **от 1,2 до 3 масс Солнца**, то гравитационная коллапсирующая нейтронизация вещества звезды стабилизируется на уровне физического состояния **нейтронной звезды**.

Если масса звезды более **2-3 масс Солнца**, то нейтронизация вещества звезды по закономерностям катастрофического гравитационного коллапса завершается превращением этой звезды в состояние коллапсара с метафорическим названием «**чёрная дыра**».

Свойства и закономерности нейтронизации вещества исследуются особой наукой – нейтронной физикой, для которой нейтронные звёзды являются образцовыми объектами познания. Впервые нейтронные звёзды были обнаружены астрономами в 1967 г. как неизвестные ранее источники импульсного электромагнитного радиоизлучения с чётко определёнными и повторяющимися импульсами. По внешнему признаку своего обнаружения такие объекты назвали «**пульсары**».

При любых специфических свойствах и условиях нейтронная звезда как вещественно-энергетическое состояние природы есть уникальное очень плотное гидростатическое, или несжимаемое равновесное тело (объект), состоящее из нейтронов и малого количества, примесей электронов, протонов и сверхтяжелых атомов ядер.

Рассчитаны максимумы и минимумы физических свойств нейтронных звёзд: масса – от 2,5 до 0,1 массы Солнца, плотность вещества – от 10^{15} г/см^3 до 2×10^{14} г/см^3, радиус – от 10 км до 200 км.

Если масса эволюционирующей звезды, оставшаяся после вспышки сверхновой или после относительно постепенного процесса нейтронизации вещества, будет **больше максимальной массы в 2,5 единиц**, то гравитационный коллапс не останавливается на уровне нейтронной звезды, а продолжается до размеров, менее гравитационного радиуса данной звезды.

Гравитационный радиус всяких астрономических объектов определяется по формуле. Например, для планеты Земля гравитационный радиус равен около **0,9 см**, для Солнца по разным методикам расчёта от **1,48 км до 3 км**.

Когда звезда достигает степени уплотнения вещества, характеризуемым понятием гравитационного радиуса, это означает, что силы тяготения не уравновешиваются ничем и стремятся к бесконечности. За пределы такого рода объекта не выходят никакое излучение и никакие частицы, скорости движения частиц внутри такого объекта равны скорости света в вакууме, но и с такими скоростями частицы не способны покинуть поверхность коллапсара.

Объекты с такими свойствами называются **коллапсары**, или метафорическим понятием «чёрная дыра», предложенным в 1968 г. астрофизиком США Дж. А. Уилером.

Исследование сверхплотных космических тел, в том числе нейтронных звёзд и коллапсаров на основе методов и гипотез общей теории относительности, составляет предмет релятивисткой астрофизики.

ПРОБЛЕМАТИКА И КОНЦЕПЦИИ КОСМОЛОГИИ
Общая характеристика космологии

Космология – астрономическая наука о происхождении, физическом строении, составе и закономерностях эволюции Вселенной как целого объекта. Космология представлена специализациями, или космологическими науками: наблюдательная космология; теоретическая космология; космохронология.

Современная космология начинается в 20-30-е гг. 20 в., точнее, с 1922 г., когда была опубликована статья «О кривизне пространства» А.А. Фридмана (1888-1925) – математика, физика и астронома из СССР.

Исторически первой астрономической концепцией, обоснованной математически и связанной с объяснением познаваемого в древности космоса, является геоцентрическая система природы (мира, космоса) астронома Древнего Рима Клавдия Птолемея, изложенная в его книге «Альмагест», опубликованной около 150 г. По современным оценкам, концепция (система) Птолемея правильно воспроизводила строение и закономерности изменений в астрономической системе «Земля-Луна».

Так как в то время не существовало иных систем научного объяснения космоса (мира), то концепция Птолемея распространялась, экстраполировалась на все доступные визуальному наблюдению объекты небесной сферы (мира), а значит, и Вселенной в понимании учёных того времени.

Современные космологические науки исследуют предельно возможный супермасштабный реальный предмет, объект профессионального естествознания – Вселенную. Вселенная – это часть природы с максимально предельными для человека гигантскими пространственно-временными, вещественно-пóлевыми, энергетическими и структурными параметрами (величинами), доступными для астрономических и иных классов научных исследований и рассуждений.

По современным вычислениям, масса наблюдаемой Вселенной оценивается около 10^{51} кг; глубина Вселенной, познанная методами современной оптической телескопии, оценивается величиной в 5×10^{21} км; глубина Вселенной, познанная методами современной радиотелескопии, оценивается величиной вдвое большей, или 10^{43} км [9, с.101].

Учитывая, что состояние познания фундаментальных свойств и закономерностей Вселенной не имеет непосредственных экспериментально подтвержденных фактических данных, а является логическим обобщением результатов астрофизических исследований галактик, а также физических экспериментов, астрономами-специалистами используется термин «Метагалактика» в качестве синонима понятия Вселенной.

Вне пределов астрономического познания понятие «Вселенная» достаточно многозначно: природа в целом; материя в целом; художественная метафора «мир человека»; сфера разума; иные произвольные абстракции по поводу бесконечности бытия. Однако для естествознания объекты и предметы познания не могут быть произвольными состояниями мнений людей.

Предел произвольности мнений и оценок человека – познанные физикой закономерности бытия. Поэтому рассуждения о Вселенной и ее бесконечности и безграничности имеют смысл относительности, а именно: в сравнении с объектами человеческого мира Вселенная бесконечна, супероригинальна, обладает свойствами, которые возможно и не будут познаны людьми, ибо люди – только часть Вселенной, а часть не может быть целым.

Исследования Вселенной проводятся физическими и математическими методами, отличаются высокой степенью вероятности, так как первоначальные предположения могут изменяться. Например, есть разные математические расчёты и доказательства определения средней плотности вещества Вселенной, а от этого показателя зависят исчисления прошлого и будущего состояний суперобъекта астрономии. Специалисты космологии применяют метод экстраполяции знаний о галактических объектах на состояние Вселенной в целом.

Основные источники информация для космологических концепций:

наблюдения методами регистрации и анализа диапазона длин электромагнитных волн за внегалактическими объектами – галактиками за пределами галактики Млечный Путь;

измерения интенсивности и флуктуации, или случайных изменений величин яркости реликтового микроволнового электромагнитного излучения;

процессы ускоренного расширения Вселенной по измерениям изменений блеска далёких сверхновых звёзд типа (класса) Ia, точнее – класса SN Ia. Звёзды класса SN Ia служат индикаторами измерения трёх свойств Вселенной и космологических величин: скорость расширения Вселенной; ускорение расширения Вселенной – производная величина от скорости расширения Вселенной; темп изменения ускоренного расширения Вселенной – производная величина от ускорения скорости расширения Вселенной;

проверенная в экспериментах на ускорителях элементарных частиц до энергий порядка 1 ТэВ, или тера электронвольт Стандартная модель (концепция, теория) физики элементарных частиц;

результаты исследований в области физики фундаментальных взаимодействий и физических полей;

результаты исследований в области квантовой теории поля.

Систематические исследования процессов ускоренного расширения Вселенной по измерениям изменений блеска далёких сверхновых звёзд класса SN Ia проводятся приборами беспилотного космического летательного аппарата орбитальный спутник Земли класса SNAP – искусственного сателлита (спутника) Земли SNAP. В названии этого космического аппарата указывается его основное назначение – «измерение ускорения по сверхновым».

Сателлит SNAP исследует 30 квадратных радиусов небесной сферы и способен регистрировать около 2000 изменений блеска далёких сверхновых звёзд класса SN Ia в течение земного года, а также регистрировать очень редкие явления вспышек свехновых звёзд.

Теоретическими основами современных концепций космологии являются физические теории: квантовая теория, в том числе квантовая теория поля; релятивистская теория тяготения, в том числе различные варианты парадигмы общей теории относительности; теория элементарных частиц; теория фундаментальных физических взаимодействий.

Каждая из физических теорий, составляющих основу современной космологии, ограничена возможностями, в частности, общая теория относительности не объясняет квантовые эффекты, фундаментальные на начальных стадиях расширения Вселенной. Прогресс космологии зависит от применения различных методов физических наук.

По причинам недоступности Вселенной для исследования многими традиционными методами современного естествознания в космологии развит метод математического моделирования. По критериям этого метода реальный объект исследуется на его упрощённой, в основном, математической форме, называемой физико-математическая модель.

В физико-математической модели объекта некоторые элементы знаний признаются специалистами истинными по причинам соответствия результатам астрономических наблюдений и физических экспериментов. Иные элементы знаний имеют вероятностное значение, устанавливаются на основе логических рассуждений и вычислений методами математических наук и теоретической физики.

Аксиомы космологии

В современной космологии приняты несколько теоретических аксиом и утверждений разной степени истинности и относительности. Важнейшие из них: гипотеза об одинаковой средней плотности вещества для относительно достаточно больших объёмов пространства во Вселенной; гипотеза бесконечности пространства Вселенной; принцип Коперника; антропный принцип, или принцип антропности в его слабой и сильной версиях (вариантах); космологический принцип.

Гипотеза одинаковой средней плотности вещества признаётся для относительно больших объёмов пространства во Вселенной, или для расстояний крупномасштабной структуры Вселенной, измеряемых в мегапарсеках (Мпс) **от 100 Мпс и более**.

Гипотеза бесконечности пространства Вселенной признаётся аксиомой, или истинной гипотезой только в концепциях релятивистской квантовой механики и парадигмы общей теории относительности.

Принцип Коперника – утверждение об отсутствии у наблюдателя на Земле статуса особенного и центрального, привилегированного и выделенного в пространстве и времени Вселенной. Принцип Коперника называется также принципом заурядности или принципом посредственности.

Следствием принципа Коперника является мировоззренческое утверждение о том, что на основе знаний человечества доказана универсальность законов природы и ненулевой вероятности наличия во Вселенной астрономических объектов с признаками жизни или более совершенных в сравнению с земной формой разумного цивилизованного бытия.

Принцип Коперника важен как методологическая основа единства результатов астрономических наблюдений, проводимых специалистами в разных направлениях из разных точек астрономических наблюдений с Земли или иных точк пространства космоса.

Антропный принцип – утверждение о наличии у наблюдателя на Земле статуса особенного, центрального, привилегированного и выделенного во Вселенной состояния. Антропный принцип необходимо учитывать как одно из внешних условий при интерпретации и объяснении результатов астрономических наблюдений. Антропный принцип противоречит содержанию принципа Коперника.

Следствием антропного принципа является утверждение о возможности существования Вселенных или астрономических объектов с иными, в сущности, свойствами и закономерностями бытия. Разработчики антропного принципа предложили несколько гипотез Вселенной.

1. Гипотеза одной Вселенной с бесконечной эволюцией физических констант и возможностью возникновения разумного наблюдателя при благоприятном сочетании констант – постоянных физических величин;

2. Гипотеза одной Вселенной, в которой представлено множеством невзаимодействующих её частей с разными физическими законами. При благоприятном сочетании фундаментальных физических констант в одной из них или в некоторых частях Вселенной может возникнуть разумный наблюдатель.

3. Гипотеза Мультивселенной, в которой существует множество параллельных миров (частей) с разнообразными законами природы.

Специалисты космологии обосновали слабую и сильную версии антропного принципа.

Слабая версия антропного принципа: состояние астрономических наблюдателей, или человечества на Земле является привилегированным, особенным и иным выделенным в пространстве и времени Вселенной в смысле совместимости такого состояния с реальным существованием человека, способного познавать объекты Вселенной.

Совместимость Вселенной с жизнью человечества заключается по слабой версии антропного принципа в соответствии некоторых фундаментальных свойств и законов Вселенной возможности человеку жить на Земле и познавать объекты Вселенной.

Сильная версия антропного принципа содержит утверждение о том, что состояние астрономических наблюдателей на Земле является привилегированным, особенным и выделенным в пространстве и времени Вселенной. Привилегированность (выделенность) человека заключается в наличии полного соответствия фундаментальных свойств и законов Вселенной возможности возникновения человечества на Земле и современному бытию людей.

В сущности содержания сильной версии антропного принципа содержится гипотеза о том, что Вселенная должна иметь свойства, позволяющие развиться разумной жизни на Земле.

Космологический принцип – утверждение об однородности и изотропности вещества крупномасштабной структуры Вселенной. Термин «космологический принцип» обосновал космолог из Великобритании Эдуард Артур Милн. Космологический принцип выполняется приближённо на масштабах нескольких сотен миллионов световых лет.

Изотропность, или **изотропия Вселенной** – состояние одинаковости, или тождественности свойств вещества Вселенной, наблюдаемых с Земли или с какой-либо одной точки пространства в разных направлениях. Следствием изотропии Вселенной является отсутствие в ней выделенных пространственных направлений. Понятие «выделенное направление» информирует о каких-либо дополнительных свойствах какого-либо интервала, или части пространства над другими его частями, интервалами.

Отсутствие изотропии называется «**анизотропия**». В случае анизотропии, означающей наличи выделенных направлений пространства Вселенной, познание космических объектов неизбежно ограничивалось бы исследованием единичных объектов. При этом было бы невозможным познание общих свойств и закономерностей объектов Вселенной. В частности, существовала бы иерархическая Вселенная, в которой объекты каждого нового пространственного масштаба образовывали бы новые системы объектов более крупного пространственного масштаба с существенно иными закономерностями.

Изотропия подтверждается экспериментами с показателем 5×10^{-1}, или 10^{-5}, или с точностью до уровня относительных флуктуаций температуры реликтового фона изученной Вселенной.

Однородность Вселенной означает состояние неизменности свойств вещества при его перемещении, переносе в разные точки пространства Вселенной. Основными свойствами вещества, которые распределены однородно и изотропно во Вселенной, или в пространстве Вселенной являются: плотность с обозначением **p**; давление с обозначением **P**; температура с обозначением **T,** или **t**.

Космологический принцип выполняется приближённо на масштабах нескольких сотен миллионов световых лет. Специалистами приводятся разные количественные показатели начала изотропности и однородности Вселенной, или действия космологического принципа.

По критерию математически вычисленной возможной средней плотности вещества изотропность и однородность Вселенной начинается с расстояний **около 100 Мпс** [16, с. 118].

По критерию плотности вещества, вычисленной спектроскопическими методами определения координат и красных смещений галактик в избранных участках Метагалактик, изотропность и однородность Вселенной устанавливается в пределах характерного размера ячеистой структуры распределения галактик во Вселенной, составляющего **100 Мпс** [11, с. 402].

По условному космологическому масштабу крупномасштабной Вселенной её изотропность и однородность определяется, **начиная с 200 Мпс** [1, с. 400].

Во Вселенной на расстояниях **более 300 мегапарсек** отсутствуют новые структуры, или усложненные пространственные объекты. В условном кубе Метагалактики с ребром в 300 мегапарсек всегда будет около 1 тысячи галактик, а усложнения пространственных соотношений объектов Вселенной отсутствуют.

Эмпирическое подтверждение космологического принципа получено после объяснения избыточного микроволнового фонового радиошума на волне 7,35 см, открытого в 1965 г. радиоастрономами из США А. Пензиас и Р. Вилсон. Космолог П. Пиблс объяснил открытое фоновое микроволновое радиоизлучение как состояние изотропного космического микроволнового фона, или электромагнитного излучения в ранний период формирования Вселенной.

В концепции П. Пиблса электромагнитное излучение в ранний период формирования Вселенной оказалось независимым от вещества того периода времени, не поглощается веществом современной стадии эволюции Вселенной, не производится современными звёздами и иными объектами современной Вселенной.

Специалисты космологии последней четверти 20 в. уточнили содержание концепции П. Пиблса, исследовали свойства фонового микроволнового радиоизлучения. По критериям современной космологической концепции изотропное космическое микроволновое фоновое электромагнитное излучение с чёрнотельным спектром и с постоянной температурой около 3 К, или 2,7 К называется «**реликтовое излучение Вселенной**», или «реликтовое излучение».

В период с 2001 г. по 2006 г. специалисты США, используя приборы искусственного спутника Земли **WMAP**, являющимся космической обсерваторией, провели самые совершенные измерения анизотропии реликтового излучения. Приборами искусственного спутника Земли COBE и новейшими приборами с Земли были установлены точные физические свойства реликтового излучения, определено время его возникновения – около **300 000 лет** после возникновения Вселенной. Реликтовое излучение в настоящее время заполняет всё пространство познанной Вселенной.

Результаты исследования реликтового излучения оцениваются специалистами космологии как достаточные доказательства аксиомы изотропности и однородности вещества крупномасштабной структуры Вселенной, а также истинности космологических концепций Большого взрыва и «горячей» Вселенной.

Из содержания космологического принципа логически следуют выводы о **строении Вселенной**. В частности, следствием изотропии Вселенной является вывод, что Вселенная не должна вращаться, так как ось вращения была бы выделенным направлением. Следствием однородности Вселенной является вывод об отсутствии центра и пространственной границы

Вселенной, так как в противном случае нарушалось бы условие однородности Вселенной.

Факты современной наблюдательные астрономии, противоречащие космологическому принципу: слабая анизотропия реликтового излучения, обнаруженная в 2006 г. и названная «ось зла»; выявление неоднородности галактик на масштабах свыше 400 млн св. лет.; наличие преимущественного направления вращения галактик. Не вычислена также точная величина перехода от мелкомаштабной неоднородности Вселенной к её крупномасштабной однородности.

Альтернативной концепцией принципу Коперника является концепция (гипотеза) уникальной Земли. Гипотезу уникальной Земли создали палеонтолог П. Уордом и астроном Д. Браунли. Учёные использовали алгебраические уравнения для доказательства гипотезы о минимальной возможности существования во Вселенной планеты, аналогичной планете Земля.

Космологические концепции (модели)

Космологические концепции (модели), или космологические модели Вселенной – физико-математические системы описания строения и эволюции Вселенной в целом или отдельных её периодов. В основном, все космологические концепции (модели) основаны на аксиоме истинности космологического принципа, или принципа изотропности и однородности Вселенной.

Космологический принцип оценивается специалистами по значимости для современной космологии на уровне принципа постоянства скорости для специальной теории относительности и принципа эквивалентности для релятивистской теории тяготения, в том числе, для парадигмы общей теории относительности.

Обоснованные специалистами космологические концепции (модели) имеют статус вероятного знания. Основные классы космологических концепций (моделей) по критерию «**зависимость от основных физических наук**»:

классическо-механические космологические концепции (модели) однородной изотропной Вселенной, основанные на законах классической механики;

релятивистские космологические концепции (модели) однородной изотропной Вселенной. Иное название – релятивистские космологические концепции (модели), основанные на закономерностях релятивистской квантовой механики, в том числе парадигмы общей теории относительности;

космологические концепции (модели), основанные на достижениях физики элементарных частиц, в том числе космологические концепции (модели) «горячая Вселенная» и «инфляционная Вселенная».

Основные классы (группы) космологические концепций (моделей) по критерию **«конечность или бесконечность пространства»**: открытые космологические концепции (модели); закрытые космологические концепции (модели). Показатель кривизны пространства обозначается буквой k, называется коэффициентом радиуса кривизны пространства, имеет значения **0, +1, –1.**

Открытые космологические концепции (модели) – космологические физико-математические системы с бесконечным пространственным объёмом, имеющие нулевую или отрицательную кривизну. Вычисленные варианты данного класса космологических концепций имеют разные значения коэффициента k.

Если коэффициент k=0, то пространства, описываемые открытой космологической концепцией (моделью), имеют нулевую кривизну и геометрические свойства евклидова пространства. Если k<0, или k= –1, то пространство в варианте «открытые космологические концепции (модели)» имеет отрицательную кривизну и свойства неевклидовой геометрии.

Закрытые, или замкнутые космологические концепции (модели) – космологические физико-математические системы с конечным пространственным объёмом, или с коэффициентом k>0, или с пространством, имеющим постоянную положительную кривизну.

Основные классы (группы) космологические концепций (моделей) по критерию **«познание механических свойств вещества Вселенной или процессов эволюции Вселенной»**:

космологические концепции (модели) однородной изотропной Вселенной, в том числе космологические концепции (модели) на основе классической механики, а также космологические концепции (модели) на основе релятивистской механики;

космологические концепции (модели) эволюционирующей, или расширяющейся Вселенной, в том числе космологическая концепция (модель) горячей Вселенной и космологическая концепция (модель) инфляционной Вселенной.

Основные результаты исследования Вселенной по критериям космологических концепций (моделей) однородной изотропной Вселенной, основанных на классической механике: решение проблем описания специфики механического движения вещества Вселенной; объяснение распределения вещества во Вселенной; описание геометрических свойств трёхмерного пространства Вселенной; описание гравитационных взаимодействий тел Вселенной с конечными массами; значение критической плотности вещества во Вселенной, признаваемое многими специалистами в настоящее время – 10^{-29} г/см^3; время расширения Вселенной с условного начала до нашего времени – около 13 млрд. лет; нестационарность Вселенной; возможные значения расширения или сжатия вещества Вселенной

Возможны различные математические решения космологических концепций (моделей) однородной изотропной Вселенной, основанных на законах классической механики. Наличие раличных решений определяется принятыми специалистами числовыми значениями основных физических величин потенциальной и кинетической энергии тела, масс тел, расстояний между массами и иными величинами.

Релятивистские космологические концепции (модели) однородной изотропной Вселенной связаны с решениями уравнений теории тяготения и определяют показатели плотности, давления и иных механических свойств Вселенной. Созданы следующие физико-математические релятивистские космологические концепции:

релятивистская космологическая концепция (модель) однородной изотропной стационарной Вселенной, основанная на решении уравнений теории тяготения и общей теории относительности, обоснованная с 1917 г. авторами – В. де Сеттер, А. Эйнштейн и др.;

3 модели нестационарной однородной изотропной Вселенной – закрытая (замкнутая), открытая, плоская,– вычисленные впервые в 1922-1924 гг. А. А. Фридманом и уточняемые современными авторами;

концепции (модели) однородной анизотропной Вселенной;

концепции (модели) сферически-симметрической Вселенной.

Разработка А.А.Фридманом (1888-1925) нестационарной концепции (модели) Вселенной сравнима по значимости в астрономии с созданием основ гелиоцентрической модели Солнечной системы Т. Браге, И. Кеплером, Н. Коперником. В опубликованной в 1922 г статье «О кривизне пространства» А.А. Фридман доказал, что однородная изотропная Вселенная не может быть стационарной, а должна либо расширяться, либо сжиматься в зависимости от критического уровня средней плотности вещества во Вселенной.

Отношение средней плотности вселенной к критической плотности обозначается знаком Ω **(сигма)**. **При плотности Ω меньше критической** реализуется постоянный процесс сжатия; если плотность Ω больше критической осуществляется периодичность расширения и сжатия.

По критериям концепции (модели) Фридмана с показателем $\Omega<1$ вероятные свойства Вселенной: **расширение будет вечным**, скорости галактик никогда не будут стремиться к нулю; пространство имеет свойство бесконечности с отрицательной кривизной и описывается **геометрией Лобачевского**; через каждую точку этого пространства можно провести бесконечное множество прямых линий, параллельных данной, сумма углов треугольника меньше 180°, отношение длины окружности к радиусу больше 2π.

По критериям концепции (модели) Фридмана с показателем $\Omega=1$ вычислены вероятные свойства Вселенной: **вечное расширение;** в состоянии бесконечности скорость расширения будет стремиться к нулю; пространство бесконечное, плоское, описывается **геометрией Евклида.**

По критериям концепции (модели) Фридмана с показателем $\Omega>1$ свойства Вселенной будут следующими: **расширение Вселенной сменится сжатием до состояния коллапса** и превращения её в сингулярную точку, реализуется «Большое сжатие»; пространство имеет свойства конечного объекта положительной кривизны геометрической формы трёхмерной гиперсферы и объясняется понятиями **сферической геометрии Римана;** в римановском пространстве Вселенной отсутствуют параллельные прямые, сумма углов треугольника больше 180°, отношение длины окружности к радиусу меньше 2π.

Решения уравнений теории тяготения, выполненные учёным из России, признаны началом современной стадии развития космологии. Решения уравнений теории тяготения, предложенные В. де Сеттером, А. Эйнштейном и иными теоретиками физики для исследования проблем космологии, оказались неверными и не соответствовали результатам наблюдательной космологии начала 20 в.

Физический смысл математических вычислений А.А.Фридмана был подтвержден в 1921-1932 гг. исследованиями Э. Хаббла, Ж. Леметра и иными астрономами США и Западной Европы. Э Хаббл в 1929 г., анализируя смещение красных линий спектров наблюдаемых им галактик, сделал вывод о расширении Вселенной, или её наблюдаемой части – Метагалактики.

Закон Хаббла в общей формулировке: галактики во Вселенной удаляются друг от друга со скоростью, прямо пропорциональной расстоянию между ними. По закону Хаббла лучевая скорость v всякой галактики пропорциональна расстоянию r от неё: $v=Hr$, где H – коэффициент пропорциональности, называемый также постоянной Хаббла. Физические величины закона Хаббла: скорость разлёта галактик; расстояние между галактиками; постоянная Хаббла, принятая специалистами в качестве одной из астрономических (мировых) констант.

Точность вычислений расстояний до далёких галактик по закону Хаббла зависит от точности значений красного смещения спектра линий исследуемых конкретных галактик, точной оценки значения постоянной Хаббла, определения величины скорости удаления галактик.

Факт расширения пространства Вселенной стал основой проблематизации темы начала, происхождения Вселенной. Эту тему активно исследовал священник (аббат по званию) из Бельгии Ж. Леметр. Деятель культуры предложил по аналогии с квантовыми идеями и явлением радиоактивности гипотезу о первичном мировом атоме Вселенной, который начал процесс расширения по аналогии с радиоактивным распадом.

Космологические концепции (модели) эволюционирующей Вселенной представляют следующие группы концепций:

группа концепций (моделей) «горячая Вселенная»;

группа концепций (моделей) инфляционной, или раздувающейся Вселенной;

стандартная космологическая концепция (модель).

С середины 20 века в связи с проблемой объяснения причин появления и распространённости в природе элементарных частиц, химических элементов и их нуклидов, а также на основе достижений физики микромира формируется концепция (модель) «горячая Вселенная». Гипотезу о возникновении химических элементов и их изотопов во время начала Вселенной впервые предложили в 1946 г. физик из США Р. Алфер, физик из Германии Г. Бете, российско-американский физик-теоретик Георгий Гамов (1904-1968).

В 1947 г. Г. Гамов обосновал гипотезу о наличии в современной Вселенной первичного излучения, названного им «реликтовое излучение». В 1948 г. Г. Гамов обосновал гипотезу возникновения химических элементов и их изотопов в процессах ядерных реакций на начальных стадиях расширения Вселенной в условиях сверхвысоких температур. Свою концепцию Г.Гамов назвал динамической эволюционной моделью Вселенной.

Астрофизик из Великобритании Ф. Хойл в 1949 г. предложил термин «Большой взрыв», или «Big Bang», для обозначения перехода от сверхплотного и сверхтемпературного состояния ранней Вселенной к стадиям её эволюции по настоящее время. По критерию художественной метафоры «Большой взрыв» **космологические модели «горячая Вселенная» абстрактно называются концепциями (теориями) Большого взрыва.**

В обосновании концепции «горячая Вселенная», или теории Большого взрыва приняли участие многие ученые: А. Туркевич, Э. Ферми, Т. Хаяси – в 50-гг. 20 в.; А.Г. Дорошкевич, И.Д. Новиков – в 60-гг. 20 в.; другие теоретики. Разработчики концепции (модели) горячей Вселенной вычислили состояния вещества, при котором плотность энергии излучения ϵ_r намного больше плотности энергии вещества ϵ_m.

В 80-е гг. 20 в. создаётся **концепция (модель) инфляционной, или раздувающейся Вселенной.** Эта концепция объясняет некоторые физические процессы эволюции Вселенной на начальной стадии ее эволюции закономерностями изменения скалярного поля, которым было заполнено первичное вакуумное подобное сверхплотное энергетическое состояние. Из этого состояния со сверхвысокими скоростями начала «раздуваться» Вселенная.

Разработчики концепции инфляционной Вселенной: А.Д. Линде, А. Гус, А.А. Старобинский и др. Одна из гипотез концепции инфляционной Вселенной: в период ранней Вселенной существовала необычная форма материи, которая создавала состояние антигравитации, вынуждая Вселенную расширяться, нарушая закон гравитации, по которому тела притягиваются.

Стадия начала инфляции Вселенной определяется теоретиками концепции инфляционной Вселенной на уровне 10^{-34} секунды существования Вселенной от её условного начала.

Математические вычисления теоретиков инфляционной Вселенной соответствуют величине экстраполяции известных современной научной физике точных знаний в пределах 30 порядков физических величин, или в пределах 300 раз. В современной квантовой теории поля и физике элементарных частиц доказана возможность существования скалярных полей, одним из свойств которых является отрицательное давление, являющееся причиной антигравитационных процессов Вселенной.

Космологическая концепция Λ-CDM, или Lambda-Cold Dark Matter («Ламбда-СиДиЭм») описывает некоторые свойства Вселенной. Важнейшие из них: пространственно-плоская геометрическая форма; заполнение барионной материи, тёмной энергией и холодной тёмной материей; возраст Вселенной составляет величину 13,75±0,11 млрд. лет. Космологическая концепция (модель) холодной тёмной массы, или космологическая концепция Λ-CDM является одной из новейших концепций в космологии, объясняющей наличие во Вселенной неоднородностей вещества и наличие крупномасштабной её структуры.

Стандартная космологическая концепция

Коллективным творчеством астрономов и физиков на рубеже 20-21 веков обоснована Стандартная космологическая модель (концепция). Эта концепция основана на новейших математических вычислениях и результатах наблюдательной астрономии. Стандартная космологическая концепция (модель) признана специалистами парадигмой современной космологии и астрономии.

Эта концепция объясняет несколько групп свойств и закономерностей Вселенной: прошлое Вселенной с момента её возникновения; состояния основных физических величин состава, строения и изменений современной эпохи Вселенной.

Основные события ранних стадий эволюции Вселенной в Стандартной космологической модели (концепции) распределены по интервалам времени с названием «эра» по причине фундаментальности происходящих в них процессов. Выделены пять эр эволюции Вселенной: планковская эра, адронная эра, лептонная эра, эра излучения, эра вещества.

Первичное состояние Вселенной обозначается термином «**космологическая сингулярность**». Космологическая сингулярность – состояние прошлого Вселенной, при котором величины плотности энергии материи ε и кривизна пространства-времени R были порядка планковских размеров или бесконечные.

Планковские размеры космологической сингулярности называются «физическая сигулярность» и вычислены с максимально возможной вероятностью пределов современного физического познания: величина плотности энергии материи ε составляла 10^{114} эрг/см^3; кривизна пространства-времени R составляла 10^{131} см$^{-4}$. Состояние бесконечности величин космологической сингулярности называется «математическая сингулярность».

Из состояния космологической сингулярности начинается взрывообразный физический процесс новообразований, обозначаемый термином «**Большой взрыв (хлопок)**», или «**Big Bang**». От момента Большого взрыва начинаются эры эволюции Вселенной.

Планковская эра. Начало планковской эры характеризуется наличием неизвестных законов физики, математической бесконечностью пространства, физической сингулярностью – квантовыми свойствами плотности энергии поля ε на уровне 10^{114} эрг/см^3, предельно теоретически возможным показателем кривизны пространства-времени на уровне 10^{131} см$^{-4}$, временем **от нуля до 10^{-43} секунды** (с) – от условного начала Большого взрыва, или «нуля» Вселенной.

В период 10^{-43} секунды формируются современные физические пространство и время. На уровне 10^{-43} секунды от Большого взрыва вычислены предельно возможные в современной релятивистской физике планковские показатели: температура – 10^{32} К, длина – $1,6 \times 10^{-33}$ см, плотность вещества – 10^{94} г/см^3.

Адронная эра – стадия эволюции Вселенной от 10^{-43} секунды до 10^{-4} секунды от начала Большого взрыва. Показатели физических величин: температура от 10^{32} К (кельвин) до 10^{12} К, плотность вещества – от 10^{94} г/см^3 до 10^{14} г/см^3. Начало адронной эры характеризуется появлением огромного количества частиц, античастиц и квантов полей, или – известных современной физике классов состояний природы в форме вещества и поля.

На начальной стадии эры адронов тяжелые частицы существовали в форме кварк-глюоновой плазмы – как системы кварков и антикварков, излучающих глюоны – частиц, обеспечивающих взаимодействие между кварками.

Во время адронной эры в период с 10^{-43} с по 10^{-44} с длилась стадия ката-строфического расширения, названная инфляционной стадией и объяс-няемая инфляционной космологической концепцией (моделью) Вселен-ной.

На уровне 10^{-35} секунды от Большого взрыва происходит **бариосинтез** – явление генерации преобладания частиц над античастицами и формирова-ние зарядово-асимметричного состояния природы Вселенной по причине изменения барионного числа у возникающих тяжелых частиц лептоквар-ков.

На основе барионной асимметрии Вселенной произошло состояние преобладания вещества над антивеществом, сформировалась физическая реальность бытия исследуемой природы.

На уровне 10^{-10} секунды от начала Большого взрыва происходят важные события в эволюции Вселенной: электрослабый фазовый переход – разделение единого электрослабого взаимодействия на слабое и электромагнитное автономные классы физического взаимодействия; частицы приобретают массу; фотон сохраняётся без массы; частицы вещества и кванты излучения постоянно взаимопереходят друг в друга, или аннигилируются.

На уровне 10^{-5} секунды от начала Большого взрыва кварки и антикварки объединились в нуклоны, антинуклоны и мезоны. Этот процесс называет-ся кварк-адронный переход. После завершения стадии инфляции адронной эры начались процессы образования элементарных частиц и их непрерывные взаимопревращения.

Завершением эры адронов является образование нуклонов – класса элементарных частиц, участвующих в сильном физическом взаимодействии и представленных протонами, нейтронами, мезонами и другими видами элементарных частиц. Теоретически возможно сохранение реликтовых кварков и антикварков с концентрацией 1 кварк на 1 млрд. обычных современно существующих элементарных частиц.

Лептонная эра. Лептонная эра – стадия эволюции Вселенной от 10^{-4} секунды до 10 секунд от начала Большого взрыва. Показатели физических величин: температура от 10^{12} К до 10^{9} К, плотность вещества – от 10^{14} г/см^3 до 10^{4} г/см^3. На уровне 10^{-4} с прекращаются возможности применения экспериментально проверенных методов современной физики. Температура Вселенной в это время равна 10^{12} К, плотность вещества – 10^{14} г/см^3.

Состав Вселенной представлен постоянно взаимопревращаемыми классами (сортами, видами) элементарных частиц – положительно и отрицательно заряженные мюоны, нейтрино, антинейтрино, позитроны, электроны. Происходят процессы аннигиляции электрон-позитронных пар.

На рубеже времени в 0,2 секунды образуются нейтрино, которые обнаружены современной физикой и названы реликтовые нейтрино.

Эра излучений. Эра излучений – стадия эволюции Вселенной от 10 секунд до 1 млн. лет после Большого взрыва. Значения основных физических величин: температура – от 10^{10} К до 3000 К, плотность вещества – от 10^{4} г/см^3 до 10^{-21} г/см^3. В начале эры излучения преобладали фотоны с вы-сокими энергиями взаимодействия с веществом.

На уровне 14 секунды от Большого взрыва происходит падение температуры Вселенной до 2×10 К, падает энергетический уровень фотонов, начинается необратимый процесс первичного нуклеосинтеза – образование атомных ядер дейтерия, трития, гелия в процессе термоядерных реакций.

В результате первичного нуклеосинтеза образовалось дозвёздное вещество, состоящее в наше время по массе на 75-78% из водорода и 22-25% из гелия. Ядра химических элементов с атомным весом более 5 не синтезировались. Продукты нуклеосинтеза были в состоянии плазмы, или ионизированного газа, в состоянии равновесия с излучением.

При температуре 10^{5} К начинается стадия доминирования тёмной материи, или скрытой массы. В период скрытой массы формируются основы для появления во Вселенной организованных структур.

При температуре 3500-3000 К начинается стадия рекомбинации – процесс присоединения свободных электронов к ядрам гелия и к протонам, создание нейтральных атомов и образование дозвёздного водородно-гелиевого газа.

Фотоны в этих процессах потеряли энергию, перестали взаимодействовать с веществом, рассеялись по Вселенной и образовали реликтовое излучение, открытое в 1965 г. Вселенная становится прозрачной для излучений и доступной для наблюдений.

Эра излучений завершается переходом вещества из плазмы в электронейтральное газовое состояние, отделением вещества от излучения, превращением непрозрачной плазмы в прозрачный газ, началом доминирования тяготения над иными видами физических взаимодействий по правилу дальнодействия.

Эра вещества, или **послерекомбинационная эра** – стадия эволюции Вселенной от 1 млн. лет после начала Большого взрыва по настоящее время. Показатели температуры – от 3000 К в начале эры вещества до 3 К в настоящее время. Размер Вселенной от стадии рекомбинации увеличился в 1000 раз.

Образование структурной сложности Вселенной наступает при температуре, рассчитанной по температуре реликтовых фотонов величиной 30 К. Процессы самоусложнения Вселенной продолжаются поныне.

Из горячего водородно-гелиевого нейтрального газа посредством гравитационной неустойчивости к настоящему времени образовано разнообразие мегамира, макромира, живое вещество и человек.

Начало образования звёзд и галактик определяется на уровне 1 млрд. лет от начала Большого взрыва. Современная эпоха эры вещества началась по разным методикам вычислений 10-20 млрд. лет от начала Большого взрыва.

Стандартная космологическая концепция (модель) не объясняет некоторые физические явления Вселенной, в частности, причины возникновения неоднородности во Вселенной, возникновение крупномасштабной структуры Вселенной.

Концепции параметров наблюдаемой Вселенной

Основные состояния наблюдаемой Вселенной исследуются специалистами в 21 веке по критериям Стандартной космологической концепции (модели). Установленные специалистами параметры Вселенной и их значения являются результатами творческой активности научных групп учёных человечества, в основном работающих в США и государствах Западной Европы по программам космических исследований.

Важнейшие результаты исследования параметров наблюдаемой Вселенной:

описание параметров Вселенной по критериям измерения анизотропии реликтового излучения; гипотезы (концепции) объяснения состояния ускорения космологического расширения, или разбегания галактик; гипотеза антигравитации; карта Вселенной; ячеистая структура Вселенной; параметры Вселенной по критерию блеска сверхновых звёзд типа Ia и пространственных флуктуаций реликтового электромагнитного излучения; гипотеза физического вакуума как третьего класса (вида) материи.

По результатам измерений анизотропии реликтового излучения и свойств его поляризации, проведённых специалистами США в период 2003-2006 гг., используя приборы беспилотного космического летательного аппарата искусственный спутник Земли класса WMAP, установлены важнейшие параметры современной наблюдаемой Вселенной.

Важнейшие параметры: параметр плотности барионов, или барионного вещества со средним значением 4×10^{-31} г/см^3; параметр плотности холодной тёмной материи – $2,3 \times 10^{-30}$ г/см^3; параметр плотности тёмной энергии, или Λ-член (ламбда-член), или параметр космологической постоянной с показателем $7,3 \times 10^{-30}$ г/см^3; параметр постоянной Хаббла H_0 – 73 км/(с×Мпк); возраст Вселенной величиной 13,4 млрд лет [1, с.413]. Создана также единственная точная карта распределения температуры реликтового излучения по небесной сфере, исключая влияние нашей Галактики.

В **1998-1999** гг. группа астрономов США и государств человечества под руководством Б. Шмидт, А. Райес, С. Перлмуттера доказала состояние ускорения космологического расширения, или разбегания галактик. Ускорение удаляющихся между собой галактик может быть объяснено наличием силы антигравитации, или **антитяготения** Вселенной, которое преобладает в наблюдаемой современной астрономией части Вселенной.

Эта сила антитяготения, по выводам специалистов, не может быть создана известным науке барионным веществом и ненаблюдаемым гравитирующим веществом – тёмной материей. Свойство (сущность) гравитации состоит в притягивании вещества, но не в его отталкивании. По этой причине действие гравитации не может создавать наблюдамый астрономами процесс ускорения разбегания галактик.

Гравитация закономерно создаёт результат замедления ускорения разбегания галактик. Так как происходит ускорение космологического расширения, действуют непознанные силы антигравитации.

Состояние Вселенной, проявляющееся в силе антигравитации, называют терминами **«тёмная энергия»** (англ. dark energy), квинтэссенция, космическая среда энергии вакуума. Имеется две гипотезы сущности тёмной энергии: тёмная энергия – это неизменная энергетическая плотность с ненулевой энергией и давлением вакуума, равномерно заполняющая пространство Вселенной; тёмная энергия – квинтэссенция, или динамическое поле с изменяющейся в пространстве и времени энергетической плотностью.

На начало 2013 год в космологии в качестве стандартной принята первая гипотеза, так как все достоверные наблюдательные данные ей не противоречат. Тёмная энергия должна составлять значительную часть «скрытой» массы Вселенной.

В 2003 г. группа астрофизиков НАСА США составила **карту Вселенной**. Основные параметры Вселенной по критериям карты Вселенной:

время существования Вселенной составляет **13±1% млрд. лет; 4%** состава Вселенной представляет **барионное атомарное вещество**;

22%-23% состава Вселенной составляет ненаблюдаемое гравитирующее вещество, или **«тёмная материя»** – форма материи, которая не испускает электромагнитного излучения и не взаимодействует с ним, что является причиной невозможности её прямого наблюдения. Присутствие тёмной материи определяется по создаваемым ею гравитационным эффектам;

73%-74% Вселенной составляет **«тёмная энергия»** – непознанное состояние природы со свойством антигравитации, от которого зависит процесс расширения Вселенной;

геометрическая форма Вселенной – плоскость, так как параллельные линии не пересекаются;

размеры современной Вселенной: вычислен **радиус Вселенной величиной 10^{28} см**;

возможное время завершения существования Вселенной – **75×10^9 лет** или в любой момент, учитывая бесконечность непознанных закономерностей в природе.

Наблюдаемая часть Вселенной имеет **ячеисто-сотовую структуру**, или **ячеистую структуру** – состояние неравномерного распределения галактик и систем галактик в пространстве Вселенной. Абстрактная геометрическая форма ячеистой структуры Вселенной представляется совокупностью пересекающихся ячеек.

При этом галактики сосредоточены в условных стенках ячеек и на пересечениях стенок, а внутри пространства ячеек галактики в основном отсутствуют. Размер такого рода ячеек около 100-150 Мпк (мегапарсек), размер стенок ячеек составляет около 3-4 Мпк.

Крупномасштабной структурой Вселенной называют состояния сосредоточения галактик, скоплений галактик и войдов – пространств, свободных от скоплений вещества в пределах десятков мегапарсек. Размеры **крупномасштабной структуры Вселенной вычислены в пределах от 200 мегапарсек**.

Причиной возникновения крупномасштабной структуры Вселенной по концепции Λ-CDM являются квантовые колебания – флуктуации физических полей очень ранней Вселенной, когда происходили процессы гравитационного возмущения под действием гравитационных сжатий вдоль одного направления с образованием уплощённых структур.

Данные процессы осуществляли гипотетические элементарные частицы: реликтовые бозоны, или гипотетические аксионы, с массой покоя меньшей 10^{-5} эВ; нейтралино, или суперсимметричные партнёры элементарных частиц с массой покоя, равной или более 100 ГэВ.

Важнейшим фактором становления крупномасштабной структуры Вселенной признана тёмная материя, взаимодействующая с веществом исключительно гравитационным физическим взаимодействием.

По критерию познания **блеска сверхновых звёзд типа Ia**, исследований далёких галактик и пространственных флуктуаций реликтового электромагнитного излучения установлены следующие уникальные параметры Вселенной:

время существования составляет 13,7±0,3 млрд. лет; отделение вещества от излучения произошло при возрасте Вселенной 375±15 тыс. лет;

Вселенная является геометрически плоской и описывается евклидовой геометрией, что означает равенство числу 2π суммы углов в треугольнике во всех масштабах пространства Вселенной;

средняя плотность вещества во Вселенной равна критической плотности, что означает бесконечность расширения Вселенной;

во Вселенной имеется особое состояние природы, названное «тёмная энергия», обладающее свойством антигравитации, составляющее 74% плотности энергии Вселенной; 22% состава Вселенной представлено ещё ненаблюдаемым гравитирующим веществом («тёмная материя»); 4% состава Вселенной представлено наблюдаемым барионным по своей физической сущности веществом;

1% из 4%-ого барионного состава Вселенной представлено наблюдаемыми звёздными объектами; основная часть барионного вещества представлена высокотемпературным газовым агрегатным состоянием вещества.

ПРОБЛЕМАТИКА И КОНЦЕПЦИИ НЕБЕСНОЙ МЕХАНИКИ Общая характеристика небесной механики

Небесная механика – астрономическая наука о закономерностях движения тел Солнечной планетной системы в их общем гравитационном поле и под действием иных физических факторов. В своей сущности небесная механика – наука о специфике и закономерностях видимого и истинного движения тел Солнечной планетной системы в создаваемых этими телами и Солнцем гравитационных по́лях и под воздействием негравитационных физических факторов.

Термин «небесная механика» обосновал в 1798 г. астроном, физик и математик Франции П. Лаплас (1749-1827) для решения проблем равновесия и движения тел Солнечной системы под действием сил тяготения. Первые варианты описания движений отдельных тел Солнечной системы представлены в исследованиях астрономов и математиков Франции 18 в. Ж. Д'Аламбера (Даламбера), А. Клеро и других.

Негравитационными физическими факторами движения тел Солнечной планетной системы (Солнечной системы) являются: реактивные силы различных объектов; реактивные силы комет, связанные с неизотропным выбросом вещества ядром кометы при его нагревании или разрушении; силы сопротивления среды, в которой перемещаются тела Солнечной системы; изменения массы движущихся в Солнечной системе тел; отталкивающая сила давления солнечного света, которая для пылинок микронного размера в межпланетном пространстве становится главной причиной выметания их из Солнечной системы; иные факторы.

Основные проблемы и концепции небесной механики: определение орбит и масс небесных тел, в том числе, задача двух тел, задачи трёх тел, задача n-тел; расчеты возмущенных движений небесных тел Солнечной системы; расчёты возмущенных движений Луны; исследования приливов и отливов; вычисления движения искусственных спутников Земли и космических аппаратов; расчёты космических траекторий летательных аппаратов; определения размеров и форм тел Солнечной системы, расстояний до них от Земли и расстояний между этими телами; исследования явления покрытия светила Луной; специфика фаз Луны и лунных затмений; расчёты сароса; вычисления эфемерид.

Решения проблем небесной механики были главными в трудах К. Птолемея, Н. Коперника, Т. Браге, И. Кеплера, И. Ньютона, П. Лапласа и других астрономов Нового времени и древности. Так как все движения видимых планет наблюдаются с Земли, то невозможно однозначно констатировать движение или его отсутствие у Земли. По этой причине в небесной механике существует две основные концепции, или парадигмы движения небесных тел:

геоцентрическая концепция – система астрономического знания, объясняющая перемещения тел ближнего космоса вокруг неподвижной Земли, систематизированная и обоснованная К. Птолемеем во 2 в.;

гелиоцентрическая концепция – система астрономических знаний, организованная гипотезой неподвижности Солнца относительно тел Солнечной системы.

Гелиоцентрическая концепция обоснована древнегреческим астрономом Аристархом Самосским в 3 в. до н. э., утверждена в европейской культуре со второй половины 16 в. в трудах И. Кеплера (1571-1630), признана с того времени наиболее адекватной моделью объяснения астрономических явлений методами небесной механики.

В современной небесной механике применяется знание о физических закономерностях движений материальных тел, установленное специалистами классической механики и классической электродинамики для макротел природы, а также законы планетного движения И. Кеплера.

Множество **законов небесной механики** составляют:

три закона планетных движений И. Кеплера в уточнённых формулировках;

три закона классической механики, установленные в 17 веке физиками Г. Галилеем, Р. Гуком, Х. Гюйгенсов и описанные И. Ньютоном в одном тексте как аксиомы механики, уточнённые теоретиками физики и астрономии;

закон всемирного тяготения, установленный Р. Гуком и идентифицированный авторством И.Ньютона, уточнённый теоретиками физики и астрономии;

«начало Д'Аламбера» – принцип классической механики об определении характера движения физического тела под действием приложенных к нему сил;

законы электромагнитного взаимодействия при исследовании движений ионизированного газа в магнитном поле;

следствия закономерностей, характерных для различных концепций гравитации.

Современные нематематические формулировки законов Кеплера, используемые в исследованиях проблем небесной механики:

Первый закон Кеплера: «Все планеты (и кометы) движутся по коническим сечениям (эллипс, парабола, гипербола), в одном из фокусов которых находится Солнце»; или: «Все планеты движутся по эллипсам, в одном из фокусов которых (общем для всех планет) находится Солнце».

Второй закон Кеплера, или Закон площадей: «Площади, описываемые радиус-векторами планет относительно Солнца, пропорциональны соответствующим временам движения планет по их орбитам»; или: «Радиус-вектор планеты в равные промежутки времени описывает равновеликие площади».

Третий закон Кеплера, или Гармонический закон: «Для планет, движущихся по эллипсам, квадраты времён обращения относятся, как кубы больших полуосей их эллиптических орбит»; или: «Квадраты сидерических периодов обращения планет вокруг Солнца пропорциональны кубам больших полуосей их эллиптических орбит».

Нематематические формулировки законов классической механики, используемые в исследованиях проблем небесной механики:

Первый закон классической механики, или закон инерции Галилея: «Всякое тело сохраняет своё состояние покоя или равномерного прямолинейного движения, пока и поскольку приложение силы не заставят его изменить это состояние».

Второй закон классической механики, или основной закон динамики материальной точки: «Изменение количества движения пропорционально приложенной движущей силе и происходит по направлению той прямой, по которой эта сила действует».

Третий закон классической механики: «Действие всегда вызывает равное и противоположное противодействие, иными, словами, воздействие двух тел друг на друга всегда равны и направлены в противоположные стороны».

Формулировка закона всемирного тяготения: «Всякие тела притягиваются друг к другу с силой, пропорциональной произведению их масс и обратно пропорционально квадрату расстояний между ними».

Формулировка принципа классической механики «начало Д'Аламбера», или **принцип Д'Аламбера** – «Если в какой-нибудь момент времени остановить движущуюся систему и добавить к ней, кроме сил её движущих, ещё все силы инерции, соответствующие данному моменту времени, то будет иметь место равновесие; при этом все силы давления, натяжения и т.д., которые развиваются между частями системы при таком равновесии, будут действительные силы давления, натяжения и так далее при движении системы в рассматриваемый момент времени». Закономерность классической механики «начало Д'Аламбера», или принцип Д'Аламбера определил физик, математик и философ-просветитель Франции Д'Аламбер (Даламбер) Жан Лерон (1717-1783).

Выдающиеся исследователи в области небесной механики 19-20 вв.: В.К. Абалкин, В.И. Арнольд, В. Браун, В.П. Глушко, Р. Годдард, Ш. Делоне, Г.Н. Дубошин, В.А. Егоров, В.Л. Крафт, П. Лаплас, И.А. Лексель, Г. Оберт, Д.Е. Охоцимский, Н.И. Тихомиров, Дж. Хилл, Л. Эйлер и др.

Концепции определения орбит небесных тел

Основное содержание проблемы заключается в установлении элементов орбит небесных тел по координатам, полученным наблюдениями за небесными телами. Точность определения элементов орбит повышается после многочисленных наблюдений за небесными объектами.

В случае проведение нескольких, но не менее трёх наблюдений, за данным небесным телом (телами) точность определения элементов их орбит достигается очень сложными методами. Если наблюдений за телом менее трёх, то отсутствует точность определения элементов его орбиты.

В абстрактном значении орбитой небесного тела называется траектория, или специфическая последовательность изменений во времени движения тела в определённом пространстве космоса, или в космическом пространстве. Для специалистов небесной механики орбитой называется движение (траектория) небесного тела в гравитационном поле иного тела со значительно большей массой, выраженное в пространственной системе координат.

В прямоугольной системе координат орбитальная траектория может иметь форму конического сечения с его разновидностями окружности, эллипса, параболы, гиперболы при условии, что фокус орбиты совпадает с центром масс системы.

Исследованы основные классы орбит небесных тел по критериям – геометрическая форма, угол наклонения i плоскости орбиты к плоскости земного экватора, соотношение периода обращения ($T_{об}$) вокруг земного шара с земными или солнечными сутками. Специалисты применяют также иные критерии и создают различные классы (виды) орбит небесных тел (объектов космоса).

По критерию геометрической формы исследуются классы орбит небесных тел – **круговые; эллиптические; замкнутые; незамкнутые.**

По критерию **угол наклонения** (i) плоскости орбиты к плоскости земного экватора изучены экваториальные орбиты с показателем i=0°, полярные орбиты с показателем i=90°, наклонные орбиты с показателем i, исключая углы 0° и 90°.

По критерию **соотношения периода обращения** ($Т_{об}$) вокруг земного шара с земными или солнечными сутками вычисляются иные классы орбит небесных тел, в том числе, несинхронные, квазисинхронные, синхронно-суточные (геосинхронные), солнечно-синхронные.

Специалисты небесной механики создали множество орбит небесных тел по иным критериям. В частности, выделяется множество «**основные орбиты**»: вох-орбита, орбита захвата, эллиптическая орбита, орбита ухода, орбита захоронения, гиперболическая орбита, наклонная орбита, ненаклонная орбита, параболическая траектория, опорная орбита, низкая опорная орбита, синхронная орбита, полусинхронная орбита, субсинхронная орбита, стационарная орбита, орбита Луны.

Каждая из орбит имеет уникальные параметры. В частности, орбита Луны есть траектория обращения Луны вокруг общего с Землёй центра масс, расположенного на расстоянии 4700 км от центра Земли.

По критерию обращения тела, в основном, космических летательных аппаратов вокруг планеты Земля определено множество «**геоцентрические орбиты**», в составе которых геосинхронная орбита, геостационарная орбита, солнечно-синхронная орбита, низкая околоземная орбита, средняя околоземная орбита, высокая околоземная орбита, молния-орбита, околоэкваториальная орбита, орбита Луны, полярная орбита; тундра-орбита и иные.

Самая распространённая орбита движения космических летательных аппаратов-сателлитов Земли – низкая опорная орбита (**низкая околоземная орбита**). Низкая околоземная орбита достигается при наличии условий: космический аппарат движется с первой космической скоростью 7,9 км/с и находится на высоте с плотностью верхних слоёв атмосферы, допускающих круговое или эллиптическое движение тела. Типичные параметры низкой опорной орбиты составляют: 193 км – минимальная высота над уровнем Земли в перигее, 220 км – максимальная высота над уровнем Земли в апогее, наклонение – 51,6 градуса, период обращения сателлита вокруг Земли составляет 88,3 минуты.

По критерию обращения тела вокруг других небесных тел и точек определены **специфические орбиты**: ареосинхронная орбита и ареостационарная орбита для искусственных сателлитов планеты Марс, гало-орбита, орбита Лиссажу, окололунная орбита для искусственных сателлитов Луны, гелиоцентрическая орбита для Солнца и иные.

Все небесные тела по аксиомам классической механики являются материальными точками без специфической формы и внутреннего строения, движущимися под действием гравитации другого тела, или двух тел, или нескольких тел. Учёт более одной гравитирующей силы усложняет расчёты параметров элементов орбит небесных тел (материальных точек).

Величины, определяющие положение орбиты небесного тела, образуют множество и называются «**элементы орбиты планеты**». Для тел Солнечной системы действуют законы эллиптического движения планет, впервые открытые И. Кеплером.

Основные кеплеровские элементы орбиты: фокальный параметр; большая полуось; радиус перицентра; радиус апоцентра – величины размера орбиты; эксцентриситет – величина формы орбиты; наклонение орбиты; долгота восходящего узла – величина положения плоскости орбиты небесного тела в пространстве; аргумент перицентра – величина ориентации тела в плоскости орбиты, заданная в основных случаях по направлению на перицентр; момент прохождения небесного тела через перицентр.

Специалисты обосновали также иные параметры орбиты небесного тела. В частности, в абстрактном обобщении важными показателями высоты орбиты относительно планеты Земля являются апогей и перигей. **Апогей** – наиболее удалённая от центра Земли точка орбиты искусственного космического летательного аппарата, или Луны. **Перигей** – ближайшая к Земле точка орбиты искусственного космического летательного аппарата, или Луны. Перигейным расстоянием является расстояние от перигея до центра Земли.

Основной плоскостью, по которой, или относительно которой в основном определяются положения орбиты планеты (тела) Солнечной системы, является плоскость эклиптики, или эклиптическая плоскость. **Эклиптическая плоскость** – плоскость, в которой происходит видимое годичное движение Солнца по небесной сфере, или по небесному своду. Плоскость эклиптики пересекает плоскость небесного экватора под углом 23 градуса 26 угловых минут, или $23^0\,26'$.

Орбита планеты (тела) пересекается с плоскостью эклиптики в двух точках. Эти точки пересечения называются «**узлы орбиты планеты**». Узлы орбиты планеты (тела) разного направления: восходящий узел орбиты планеты (тела) – точка пересечения орбиты планеты (тела) с плоскостью эклиптики при движении планеты (тела) в направлении от Южного географического полюса Земли; нисходящий узел орбиты планеты (тела) –

точка пересечения орбиты планеты (тела) с плоскостью эклиптики при движении планеты (тела) по направлению к Южному географическому полюсу Земли.

Для определения эллиптической орбиты тела (объекта) Солнечной системы необходимо установить значения минимум **шести** элементов орбиты:

наклонение плоскости орбиты к плоскости эклиптики со значениями от 0^0 до 180^0. Если наклонение плоскости орбиты имеет значение от 0^0 до 90^0, то тело движется вокруг Солнца в том же направлении, что и Земля, следовательно, совершается прямое движение. Если наклонение плоскости орбиты имеет значение от 90^0 до 180^0, то тело движется вокруг Солнца в обратном, или противоположном Земле направлении и, следовательно, совершается обратное движение;

гелиоцентрическая долгота восходящего угла со значениями эклиптики от 0^0 до 0^0. Восходящий угол есть угол (величина), отсчитываемый из цен-тра Солнца от направления на точку весеннего равноденствия до направ-ления на восходящий узел гелиоцентрической долготы;

угловое расстояние перигелия от восходящего угла со значениями от углового расстояния перигелия от восходящего угла, которые составляют от 0^0 до 360^0, а также долгота перигелия;

большая полуось эллиптической орбиты планеты, а также средняя угловая скорость планеты, или среднее движение;

эксцентриситет орбиты планеты;

момент прохождения через перигелий, или положение планеты на орбите в определённый момент времени, называемый «долгота в эпоху t».

Имея информацию об основных некоторых или обо всех элементах орбиты небесного тела, по формулам рассчитывается его положение в плоскости его орбиты для любого момента времени.

Концепции гравитационно-зависимых тел

Проблема вычисления параметров гравитационно-зависимых небесных тел Солнечной системы исследуется в небесной механике в нескольких вариантах: для двух тел; для трёх тел; для более четырёх тел, или для n-тел. По причине особой сложности вычислений не создано единое решение проблемы. Имеются концептуальные варианты, в том числе: задача двух тел; задача трёх тел; задача n-тел

Задача двух тел – концепции исследования и вычисления параметров, или свойств и закономерностей поступательного движения двух тел под действием силы взаимного тяготения. Концепции задачи двух тел:

общая задача двух тел – вычисления параметров поступательного движения двух тел под действием силы взаимного тяготения при условии сопоставимости масс двух гравитационно взаимодействующих тел;

ограниченная задача двух тел – вычисления параметров поступательного движения двух тел под действием силы взаимного тяготения при условии несопоставимости масс двух гравитационно взаимодействующих тел, когда допускается не учитывать значения массы одного из тел.

Задача двух тел решается для разных классов естественных и искусственных небесных тел Солнечной системы, а также относительно, или для двойных звёзд и планет вне Солнечной системы. Решение задачи двух тел проводится по уравнениям движения материальных точек, по уточнённым алгебраическими методами трём законами Кеплера, с применением теоремы вириала.

Движение небесных тел, соответствующее решению задачи двух тел, называется невозмущённым движением небесного тела.

Задача трёх тел заключается в определении параметров движения трёх тел, которые взаимно притягиваются с силой, обратно пропорциональной квадрату расстояния между ними. Общее аналитическое решение этой задачи ещё не найдено. Точное решение задачи трёх тел возможно для некоторых частных случаев. Специалисты обосновали **5 частных** точных решений задачи трёх тел для специальных начальных значений взаимных расстояний и скоростей трёх небесных тел.

Три точных решения (концепции) задачи трёх тел для коллинеарных движений небесных тел обосновал (разработал) математик из Швейцарии Л. Эйлер в период 1747-1771 гг. Условия для положительных вычислений по теории Эйлера: три взаимосвязанных небесных тела находятся на одной прямой в любой из трёх возможных последовательностей их расположения. Решения Эйлером задачи трёх тел в 18 в. имеют теоретическое значение и уточняются для конкретных случаев движения определённого небесного тела.

В 20 в. концепция решения задачи трёх тел оказалась результативной при исследованиях движения газовых струй в оболочках тесных двойных звёзд.

В 1772 г. математик и астроном из Франции Ж. Лагранж обосновал ещё два решения задачи трёх тел. Решения задачи трёх тел имеют конкретное значение для познания движений двух групп астероидов (малых планет).

Задача n-тел – вычисления параметров движений четырех и более небесных тел, гравитационно-связанных в систему. Задача n-тел не имеет ещё ни одного точного решения: ни общего, ни частного.

В исследованиях движений нескольких тел Солнечной системы имеется несколько приближённых решений задачи n-тел, которые могут быть близки к точному решению исключительно для коротких интервалов времени движения данной системы гравитационно-зависимых небесных тел.

Концепции возмущённых движений небесных тел

Возмущённое движение тела Солнечной системы – движение тела, при котором имеются отклонения от точных показателей, рассчитанных специалистами физики и астрономии по законам Кеплера и по закономерностям движений тела по поверхностям геометрических фигур, в основном круга, эллипса, гиперболы, параболы.

В простейшем определении возмущённое движение небесного тела есть несоответствие (отклонение) изменений тела во времени от перемещений по стандартным геометрическим фигурам эллипса, параболы, гиперболы.

Невозмущённые движения небесного тела – движения объектов космоса, соответствующие значениям, определёнными специалистами по законам Кеплера и иным закономерностям, рассчитанным при решении задач двух тел.

Возмущениями в движении небесного тела в Солнечной планетной системе называются отклонения движений тел от величин, установленных законами Кеплера, или законами планетных движений в Солнечной системе. Причинами возмущений и возмущённых движений являются гравитационные воздействия небесных тел между собой.

Данный класс гравитационных сил в сравнении с гравитацией Солнца незначительный, так как суммарная масса небесного тела Солнечной системы в сравнении с массой Солнца составляет величину одной семисотой части массы Солнца. Однако при взаимодействии конкретных небесных тел с количеством от трёх и более необходимо учитывать в расчётах силы гравитации данных тел.

Для точного познания элементов орбиты планеты или иного класса небесного тела Солнечной системы необходим учёт гравитационной зависимости между конкретно гравитационно-зависимыми и взаимодействующими небесными телами.

Неравенства элементов орбиты небесного тела, или возмущения элементов орбиты представляют собой состояния зависимости элементов орбит от времени их притяжения, или гравитационного воздействия, а также от иных небесных тел, дополнительно действующим к гравитационному действию центрального небесного тела.

В общем случае центральным небесным телом в Солнечной системе является Солнце. В конкретной системе взаимодействия индивидуальных гравитационно-зависимых небесных тел центральным небесным телом может быть иное небесное тело. Например, при исследовании возмущений элементов орбиты Луны центральным телом является планета Земля.

Основной метод исследований – метод приближённого решения дифференциальных уравнений движения планет под действием их взаимного притяжения. Линейные функции указанного метода определяют величины и их значения для вековых возмущений элементов орбит планет. Периодические функции указанного метода определяют величины и их значения для относительно кратковременных периодических возмущений элементов орбит планет.

Общая оценка системы возмущённого движения небесного тела определяется суммированием линейных и периодических функций, установленных по данному методу.

Для состояния устойчивости Солнечной системы существенны следующие вековые возмущения элементов орбит планет Солнечной системы: вековые возмущения больших полуосей, эксцентриситетов и углов наклона орбит планет Солнечной системы.

Специалисты небесной механики просчитали величины всех шести элементов орбит планеты Земля и сделали вывод об устойчивости планетного состояния Солнечной системы на период нескольких миллиардов лет.

Для вычислений устойчивости планетных параметров Солнечной системы на неограниченный период времени необходимо использовать новые методы расчётов квадратичных и кубических во времени возмущений орбит планет. Данная группа методов ещё не создана. По причинам относительной бесконечности движения небесного тела величина и направление возмущающей силы постоянно меняются, поэтому специалисты рассчитывают параметры возмущённого движения небесных тел и элементов их орбит, учитывая конкретные исследовательские и прикладные потребности.

Исследование возмущения движения Луны

Луна является единственным естественным спутником планеты Земля, вторым после Солнца по яркости объектом на земном небосводе, пятым по величине естественным сателлитом планет Солнечной системы. Среднее расстояние между центрами Земли и Луны составляет 384 467 км, или 0,002 57 астрономических единицы.

Возмущением движения Луны называются разнообразные отклонения в движении Луны под действием гравитации Солнца, Земли, а также разности возмущающих ускорений Земли и Солнца, придаваемых Луне. Для Луны центральным возмущающим телом является Земля, а Солнце предстает основным возмущающим телом.

Сила притяжения Луны Солнцем **вдвое больше**, чем сила гравитации Земли, приложенная к Луне. Расстояние от Земли до Солнца составляет приблизительно 150 млн. км, точнее, 384 тыс. км. Это в 390 раз больше, чем расстояние от Земли до Луны. Отношение сил притяжения Солнца и Земли, действующих на Луну, составит $333000/390^2$, что равно 2,2 раза.

Специфика возмущённого движения Луны относительно Земли определяется не силой притяжения Луны Солнцем, а разностью величин притяжения Солнцем Луны и притяжения Солнцем Земли.

В случае нахождения Луны между Землёй и Солнцем на прямой линии гравитационная сила, вызывающая возмущение движения Луны, обратно пропорциональная кубу расстояния до Солнца, являющимся основным возмущающим небесным телом для Луны. Величина этой силы составляет одну девятисотую часть притяжения Луны Землёй.

В невозмущённом состоянии Луна движется по эллиптической орбите вокруг Земли в направлении с запада на восток, аналогично движению Земли вокруг Солнца. Период обращения Луны в невозмущённом движении вокруг Земли равен 27,32 суток и называется сидерический месяц, или звёздный месяц.

Элементы орбиты Луны при возмущённом состоянии постоянно изменяются в такой мере, что исследование реального движения Луны имеет статус одной из сложных проблем небесной механики. Установлены классы периодических и вековых возмущений Луны. Вычислено, что за каждый оборот Луны вокруг Земли происходит перемещение такого элемента её орбиты как лунные узлы орбиты на $1,5^0$.

Каждый новый звёздный месяц Луна начинает с нового положения. Возвращение орбиты движения Луны к прежнему состоянию происходит через 18 лет и 7 месяцев, или через 6793 средних суток. За указанный период лунные узлы орбиты совершают полный оборот по эклиптике.

Исследования приливов и отливов

Приливами и отливами называются физические волновые процессы на поверхности небесных тел, вызванные возмущающими влияниями. Возмущающие влияния в небесной механике называются проявления (действия) сил гравитационного притяжения со стороны иных небесных тел, создающих конкретную природную систему гравитирующих взаимодействий на определённые участки (точки) поверхности тела, испытывающего их влияние (притяжение).

Специалистами небесной механики первично изучены специфика и закономерности приливов и отливов на поверхности планеты Земля. Начиная с 20 века, исследуются приливы и отливы на иных объектах (телах) Солнечной системы, например, на поверхностях планет земной группы Солнечной системы, на естественных сателлитах планет земной группы, на поверхностях планет-гигантов, на естественных сателлитах планет-гигантов.

Приливы и отливы наблюдаются в жидком, твёрдом и газообразном фазовых состояниях вещества поверхности небесного тела.

На поверхностях Земли действие сил притяжения Луны и сил притяжения Солнца неодинаково распространяется на разные точки (участки) поверхностей.

Специалистами систематически наблюдаются явления приливов земной твёрдой поверхности в г. Москве: ежесуточно фиксируются приливные волны поверхностных изменений почвы с высотой от 10 см до 30 см. В земной коре регистрировались приливные явления с амплитудой около 50 см. Приливы и отливы в земной атмосфере влияют на изменения атмосферного давления.

Наблюдения за лунными приливами и отливами и за солнечными приливами и отливами на водной поверхности Земли относятся к множеству наиболее точно исследованных и объяснённых явлений возмущающего действия Луны и Солнца на точки поверхности Земли.

Под действием лунного притяжения наиболее подвижная водная оболочка Земли принимает форму эллипсоида, вытянутого по направлению к Луне. В точках эллипсоида водной поверхности Земли, в которых Луна находится в зените, или над наблюдателем на одной стороне Земли, и в надире, или под наблюдателем на другой стороне Земли будут проявляться приливные лунные процессы разной интенсивности – приливные выступы.

В двух боковых точках водного эллипсоида Земли, образовавшегося под действием гравитации Луны, сравнительно с наблюдателем относи-тельно линии зенита и надира расположения Луны, будут проявляться со-стояния отлива водных масс.

По причине вращения Земли приливные выступы и отливы образуются в каждый следующий момент времени в новых местах земной поверхности. За промежуток времени между двумя последовательными верхними или нижними кульминациями Луны приливные выступы обойдут вокруг земного шара и в каждом месте произойдут за это время по два прилива и соответствующие с ними два отлива.

Аналогично лунным приливами и отливами реализуются солнечные приливы и отливы. Солнечные приливы и отливы по интенсивности в 2,2 раза меньше по силе воздействия на земную поверхность, чем лунные приливы и отливы. Солнечные приливы и отливы отдельно не наблюдаются, они изменяют величину лунных приливов. Во время новолуний и полнолуний солнечный и лунный приливы наступают одновременно, реализуя максимальный для данной местности прилив.

Вдали от побережья высота приливов в среднем около 1 м. Самые высокие приливы происходят у берегов по причинам специфики глубин и очертаний побережья. В заливе Фанди на Антлантическом побережье Канады наблюдался прилив с максимальной высотой 18 м. В России в Пенжинской губе Охотского моря максимальная высота прилива составила 12,9 м.

Концепции покрытия светил Луной, затмений Солнца и Луны Исследование покрытия светила Луной

Состояние движения Луны вокруг Земли, при котором Луна своим телом, или видимым диском проходит перед более далёким светилом и закрывает его для наблюдателя на Земле, называется «покрытие светила Луной». Покрытие светила Луной осуществлятся применительно к звёздам, Солнцу и планетам Солнечной системы.

Более распространённым классом (видом) покрытия светила Луной является покрытие Солнца Луной, называемое «солнечное затмение». Классы (виды) солнечного затмения: полное; частное, частичное; кольцеобразное.

Полное солнечное затмение – полное закрытие диска Солнца, или видимого Солнца доступное для исследования наблюдателем, находящегося в пределах области земной поверхности с шириной не более 270 км. В пределах 270 км сосредоточен конус лунной тени, препятствующей световому потоку от Солнца восприниматься органом зрения человека и приборами, регистрирующими световой диапазон спектра электромагнитного излучения от Солнца. Полное солнечное затмение на данной местности может наблюдаться через 200-300 лет.

Частное (частичное) солнечное затмение – покрытие части солнечного диска Луной, наблюдаемое зрением и приборами наблюдателя, находящегося в пределах конуса лунной полутени.

Кольцеобразное солнечное затмение – покрытие части солнечного диска Луною, наблюдаемое зрением и приборами наблюдателя, находящегося вблизи оси конуса лунной тени. Кольцеобразное солнечное затмение наблюдается в форме незакрытого Луной края солнечного диска, образующего возле тёмного диска Луны тонкое блестящее кольцо.

По причинам движения Луны вокруг Земли и вращения Земли вокруг своей оси тень от Луны перемещается по земной поверхности с запада на восток с шириной не более 270 км и длиной несколько тысяч километров.

Фазы солнечного затмения: начало солнечного затмения с западного края солнечного диска в форме появления ущерба дуги круга радиуса, равного радиусу диска Луны, покрывающего диск Солнца; превращение ущербного диска Солнца в состояние формы уменьшающегося серпа; исчезновение последней точки солнечного диска, наблюдаемое не более 7 мин 40 сек, или фаза полного солнечного затмения; фаза постепенного схождения тёмного лунного диска с пространства солнечного диска.

Продолжительность всех фаз солнечного затмения составляет более двух часов. Все классы солнечных затмений происходят только в период полнолуния. Ежегодно на различных участках земной поверхности обязательно, закономерно необходимо происходят два солнечных затмения.

Максимальное количество солнечных затмений в течение года – пять. Количество солнечных затмений более двух и не более пяти относится к группе «наблюдаемые солнечные затмения». Специалистами небесной механики с высокой точностью рассчитываются сроки наступления солнечного затмения.

Исследование фаз Луны

Фазы Луны – наблюдаемые с Земли изменения внешнего вида, формы Луны, обусловленные видимой освещённостью некоторых частей лунной поверхности. Фазы Луны – изменения внешнего вида Луны во время её видимого с Земли движения среди звёзд прямым движением с запада на восток, или на фоне звёзд зодиакальных созвездий.

Причины фазовых состояний Луны, или лунных фаз: Луна является аналогично Земле тёмным непрозрачным материальным телом. Во время движения вокруг Земли Луна занимает различные положения относительно Солнца. Лучи Солнца падают на Луну почти параллельно и освещают только одну половину лунного шара, не достигая поверхности другой лунной половины. Для наблюдателя с Земли Луна видна светлой половиной и частью тёмной половины, или частью своего тёмного диска.

Угол ψ с вершиной в центре лунного тела между направлениями к Земле и Солнцу называется «фазовый угол». Фазы Луны переходят между собой в следующей последовательности: от новолуния к первой четверти Луны, к полнолунию и к последней четверти Луны.

Новолуние – фаза Луны, во время которой Луна находится в соединении с Солнцем и с величиной фазового угла $\psi=180^0$. Видимые признаки новолуния: к Земле обращена тёмная сторона Луны; Луна не видна на небе в течение двух средних солнечных суток. Через двое суток после новолуния Луна видна на западе после захода Солнца в виде узкого серпа, обращённого выпуклостью к Солнцу.

Первая четверть Луны – фаза Луны, во время которой Луна находится на 90^0 к востоку от Солнца, или в восточной квадратуре с величиной фазового угла $\psi=90^0$. Видимые признаки первой четверти Луны: Луна имеет форму полукруга; к Земле обращены половина освещённого и половина неосвещённого полушария Луны; Луна видна в первой половине ночи, после наступления второй половины ночи уходит за видимый горизонт.

Полнолуние – фаза Луны, во время которой Луна находится в противостоянии с Солнцем с величиной фазового угла $\psi=0^0$. Видимые признаки фазы полнолуния Луны: Луна имеет форму полного круга; к Земле обращено всё освещаемое Солнцем лунное полушарие: полная Луна видна на небе в противоположном к Солнцу, или на Солнце-направлении; Луна видна на небе всю ночь; восходит полная Луна во время захода Солнца; заход Луны происходит около момента восхода Солнца.

Последняя четверть Луны – фаза Луны, во время которой Луна находится на 90^0 к западу от Солнца, или в западной квадратуре с величиной фазового угла $\psi=90^0$. Видимые признаки последней четверти Луны: Луна имеет форму полукруга; к Земле обращены половина освещённого и половина неосвещённого полушария Луны; Луна видна во второй половине ночи до момента восхода Солнца.

Соединение Луны с Солнцем во время новолуния, а также противостояние Луны и Солнца во время полнолуния называются **«сизигия»**.

Исследование лунных затмений

Лунное затмение – состояние полного или частного прохождения Луны через земную тень в период её движения вокруг Земли, происходящее во время фазы полнолуния и проявляющееся в прекращении поступления на Луну солнечных лучей по параллельным линиям.

Классы лунного затмения: полное лунное затмение – состояние нахождения видимой части Луны в области конуса земной тени; частичное лунное затмение – состояние нахождения некоторых частей видимой части Луны в области конуса земной тени; полутеневое лунное затмение – состояние прохождения видимой части Луны сквозь земную полутень в периоды входа в область конуса земной тени и выхода из неё.

При всех классах лунного затмения Луна продолжает быть наблюдаемой и видимой, потому что её освещают солнечные лучи, которые преломились в атмосфере Земли и придают Луне буро-красное свечение. Лунное затмение происходит на протяжении года в количестве от нуля раз до трёх раз. Наблюдаемая максимальная продолжительность лунного затмения составляла 1 час 40 мин.

Фазы Луны и лунные затмения являются проявлениями одной из основных закономерностей движения, вращения Луны: Луна вращается вокруг своей оси с тем же периодом и в том же направлении, что и её (Луны) вращение, обращение вокруг Земли. Следствием этой закономерности выступает постоянство нахождения Луны к Земле исключительно только одним видимым с Земли лунным полушарием.

Продолжительные наблюдения над движениями Луны обеспечили специалистам небесной механики и иных астрономических наук получение информации о 60% лунной поверхности при условии доступа для познания 50% её поверхности. Возможность дополнительных знаний о Луне реализуется благодаря закономерности движения Луны, названной «либрация».

Либрация – множество оптических и механических изменений расположения точек поверхности Луны, обусловленные периодическими смещениями элементов её орбиты под действием возмущений от Земли, Солнца, неравномерности наклона оси вращения Луны и неравномерности скоростей её обращения вокруг Земли.

Расчёты сароса в небесной механике

Са́рос, или драконический период – последовательности лунных и солнечных затмений, повторяющихся приблизительно в прежнем порядке через промежуток времени, равный около 6 585,5 суток, или 18 годам и 10,3-11,3 суток. В течение каждого сароса происходит в среднем 41 солнечное затмение и 29 лунных затмений. Причины са́роса – повторяемость периодичности взаимного расположения Солнца, Луны и узлов лунной орбиты на небесной сфере.

Концепции масс, размеров, расстояний небесных тел

Проблема определения масс, размеров тел космоса, расстояний до них от Земли и расстояний между этими телами является одной из важных в исследованиях специалистов небесной механики.

Классы тел Солнечной планетной системы, исследуемые небесной механикой по критериям вычислений их масс, размеров и расстояний: планеты; астериоды; кометы; метеороиды; естественные сателлиты; искусственные сателлиты. За орбитой Плутона обнаружено около 200 космических тел, представляющих собой устойчивые массы замерзших газов и пыли, названных трансплутоновые тела.

Методы определения масс небесных тел

Основные методы определения масс небесных тел: гравиметрический метод, или измерение силы тяжести на поверхности данного тела; по третьему уточнённому закону Кеплера; по результатам анализа наблюдаемых возмущений, производимых небесным телом в движениях иных небесных тел.

Гравиметрический метод определения массы небесного тела, или измерение силы тяжести на поверхности данного тела – метод для определения массы Земли и массы Луны на основе величин закона всемирного тяготения. Непосредственно на поверхности Земли определяются следующие величины закона всемирного тяготения: радиус Земли R; g – ускорение составляющей силы тяжести, обусловленное исключительно силой притяжения, или ускорение силы тяжести.

Постоянная тяготения G, содержащаяся в формуле закона всемирного тяготения, была измерена в экспериментах учёных-физиков. Для Земли по известным числовым значениям G, g, R вычисляется масса M с числовым значением 6×10^{24} кг. Также по формуле, имея значения массы Земли и её объёма, вычисляется средняя плотность Земли величиной 5,5 г/см^3.

Определение массы небесного тела по третьему уточнённому закону Кеплера. Уточнённый третий закон Кеплера устанавливает зависимость между расстояниями планет от Солнца и периодами их обращения. Условия его применения как метода определения массы небесного тела: определяется соотношение между массой Солнца и массой планеты; у планеты должен быть минимум один сателлит, или спутник; известны расстояния этого сателлита до планеты и период обращения сателлита вокруг данной планеты.

Зная величину массы Солнца и величину отношения массы Солнца к массе любой планеты, по формуле вычисляется величина массы данной планеты или иного класса небесного тела.

Определение массы небесного тела по результатам анализа наблюдаемых возмущений. Этот метод применяется для небесных тел, у которых нет сателлита. Например, для определения массы Венеры, Меркурия, Плутона.

В составе Солнечной системы перемещаются значительное количество небесных объектов: планеты, астериоды, метеороиды, кометы, трансплутоновые тела, естественные и искусственные спутники, или сателлиты.

Если обозначить общую массу Солнечной системы величиной в 100%, то масса Солнца составит 99,866%, масса планет Солнечной системы – 0,134%, масса комет Солнечной системы – 0,0003%, масса спутников планет Солнечной системы – 0,00004%, масса астероидов Солнечной системы – 0,0000001%, масса метеорного вещества Солнечной системы – 0,000000000001%.

Если выразить массу небесных тел Солнечной системы без массы Солнца в величине количество масс Земли (м. З.), то показатели следующие: 448 масс Земли составляет суммарная масса небесных тел Солнечной системы без массы Солнца; 10^{-9} массы Земли составляет масса метеорного вещества и комет; 0,0003 массы Земли составляет масса астероидов; 0,12 массы Земли составляет масса спутников планет; 447,8 массы Земли со-ставляет масса планет Солнечной системы.

Для всех небесных тел Солнечной системы Солнце является гравитационным центром. Тела Солнечной системы перемещаются вокруг Солнца по особым траекториям, одновременно перемещаясь относительно между собой.

Астероид как объект познания в небесной механике

Астероид – небесное естественное тело с размерами диаметра более 30 метров. До 2006 г. астероид обозначался также термином «малая планета» и означал небесные тела с размерами от 1 км до 1000 км, которые обращаются по эллиптическим орбитам вокруг Солнца, в основном между орбитами планет Марса и Юпитера.

По результатам наблюдений к сентябрю 2011 г. было учтено 84 993 238 объектов-астероидов, в том числе 560 021 астероид имеют точно определённые орбиты и официальный номер, 15 615 астероидов имеют официально утверждённые наименования. Предполагается о наличии в Солнечной системе 1,1–1,9 миллионов астероидов с размерами более 1 км. Большинство астероидов сосредоточено в пределах пояса астероидов между орбитами Марса и Юпитера.

Самым крупным астероидом в Солнечной системе признавался астероид Церера с размерами 975×909 км. По решению МАС с 24 августа 2006 г.

астероид Церера получил статус карликовой планеты. Два других крупнейших астероида Паллада и Веста имеют диаметр около 500 км. Астероид Веста является единственным объектом пояса астероидов, наблюдаемым без приборов. Астероиды также могут быть наблюдаемы без приборов в период их прохождения вблизи Земли. Общая масса всех астероидов главного пояса астероидов оценивается в $3,0\text{-}3,6\times10^{21}$ кг, что составляет 4% от массы Луны.

97% астероидов находится на значительном расстоянии от орбиты Земли, поэтому возможность столкновения астероида с нашей планетой минимальна и составляет вероятность одного столкновения в 100 тыс. лет. Астероид Фаэтон приближается к Солнцу на самое минимальное расстояние из всех планет и малых тел Солнечной системы – на расстояние 21 млн. км.

Каждый из астероидов характеризуется специфическими свойствами. Наиболее опасный на данный момент признан астероид Апофис с диаметром около 300 м, при столкновении с которым может быть уничтожен большой город без создания глобальной катастрофы на Земле. Глобально опасны астероиды с размером более 10 км; все такие астероиды находятся на расстояниях, далёких от орбиты Земли.

Первое изображение астероида приборами беспилотного космического летательного аппарата автоматическая межпланетная станция-зонд класса «Галилео» осуществлено в 1991 г. во время его пролёта у астероида Гаспра. Исторически первые измерения диаметров астероидов проводились методом прямого измерения видимых дисков небесных тел с применением нитяного микрометра в 1802 г. Несмотря на совершенствование, этот метод оказался неэффективным.

Современные способы определения размеров астероидов включают в себя методы поляриметрии, радиолокационный метод, метод спектр-интерферометрии, транзитный метод, метод тепловой радиометрии.

Метеороид как объект познания в небесной механике

Метеороид, метеорное тело, метеорное вещество по официальному определению Международной метеорной организации (IMO) есть твёрдый объект, движущийся в межпланетном пространстве, имеющий размеры значительно меньше астероида и значительно больше атома.

Иные определения метеороида: твёрдое небесное тело с размерами в диаметре менее 30 метров, движущееся в межпланетном пространстве вокруг Солнца по эллиптическим орбитам; твёрдое небесное тело с размерами от 1 км до 0,5 мкм, движущееся в межпланетном пространстве вокруг Солнца по эллиптическим орбитам; небесное тело диаметром от 100 мкм до 10 м; небесное тело, промежуточное по размеру между межпланетной пылью и астероидом.

Проникая со скоростью 11-72 км/с в атмосфере Земли, метеороид нагревается, сгорает, превращается в светящийся объект с названием «метеор», наблюдается как «падающая звезда». Видимое (наблюдаемое) светящееся движение метеороида в атмосфере Земли называется «метеор».

Остатки метеороида, которые не разрушились полностью во время движения в атмосфере планеты и оказались на поверхности планеты, её спутника (сателлита) или астероида называются «метеориты», или единичный метеорит. В абстратном значении метеорит есть тело космического происхождения, сохранившееся после падения на поверхность иного небесного объекта.

Предполагется, что в течение суток на различные участки суши и водных объектов Земли после падения метеородов остаётся (сохраняется) 5-6 тонн метеоритов, или 2 тысячи тонн метеоритов в год.

Классы метеоритов по критерию химического состава и структуры: каменные, или аэролиты; железные, или сидериты; железно-каменные, или сидеролиты. Классы метеоритов по критерию условий формирования и структуры: дифференцированные – сформировавшиеся внутри крупных тел; хондриты – сформировавшиеся при охлаждении газовой среды и представленные в форме силикатных шариков.

Самый крупный целостный железный метеорит обнаружен в 1920 г. в Юго-Западной Африке, назван «Гоба», весит около 60 т. Железный метеороид с общей массой 70 т, упал 12 февраля 1947 г. в районе тайги Сихотэ-Алинской горной системы на территории СССР. После его падения образовалось около 100 кратеров и множество обломков на площади 3 км^2. По названию местности падения части метеороида получили название «Тунгусский метеорит».

Если метеорное тело (метеороид) падает на поверхность Земли со скоростью от 2 и более километров в секунду, то во время удара с поверхностью метеороид превращается в сжатый газ, вызывающий взрывную волну. На поверхности падения метеороида и взрыва образуется округлое углубление, называемое метеоритный кратер (астроблема).

Один из крупнейших метеоритных кратеров находится в США и называется Аризонский кратер; диаметр его воронки составляет 1207 м, глубина - 174 м, время существования - 5000 лет.

Физические и химические свойства метеороида исследуются в период наблюдения показателей его сгорания в атмосфере Земли, а также после обнаружения оставшихся от него частей в форме (состоянии) метеорита.

Одно из современных научных наблюдений метеороида произошло 15 февраля 2013 года на территории Челябинской области и г. Челябинска. В 9 час 20 мин по местному времени (UTC+6) над г. Челябинском в атмосфере на высоте 15-25 км произошёл взрыв неизвестного объекта. После научного исследования специалисты доказали, что неизвестным объектом является метеороид. Выпавшие после взрыва метеороида части получили название метеорит «Челябинск».

Имеются различные варианты объяснения свойств данного небесного объекта, особенностей его взрыва и последствий. В частности специалисты НАСА США утверждают, что метеороид имел размер диаметра около 17 метров и массу 10 тыс. тонн, вошёл в атмосферу Земли на скорости около 18 км/с под очень острым углом. После входа в атмосферу метеороид двигался 32,5 секунды и разрушился в форме (серии) событий (взрывов) с распространением ударных волн. Количество высвободившейся энергии по оценкам НАСА – 500 килотонн в тротиловом эквиваленте; по оценкам специалистов Российской академии наук (РАН) – 100-200 килотонн.

Материальный ущерб от взрыва метеороида оценён суммой от 400 млн до 1 млрд рублей, событие произошло без человеческих жертв. Астрономическое событие наблюдения метеороида, аналогичное происшедшему над г. Челябинском 15 февраля 2013 г., происходит на планете Земля в среднем с периодичностью одно событие в течение 100 лет.

Если метеороид входит в атмосферу планеты с космической скоростью от 7,9 км/с и более, то возникают кратковременные полоски света в атмосфере на фоне звёздного неба. Данное световое явление называется метеор. В течение суток в атмосфере Земли появляется около 108 метеоров со светимостью более 5m. Очень яркий и большой метеор называется «боли́д». «Звёздный дождь» – явление интенсивной активности метеорных потоков. «Спорадический метеор» – единичный метеор, не относящийся к потокам метеоров.

Систематически в одной части неба появляются метеорные потоки – световой процесс, вызванный вхождением в атмосферу планеты группы метеорных тел, длящийся и наблюдаемый в течение нескольких часов. Некоторые метеорные потоки вызваны разрушением комет.

Многие метеорные потоки названы по созвёздиям, в пределах которых на небе они периодически появляются. Самые известные метеорные потоки: Авригиды, Андрометиды, Ариэтиды, Боотиды, Геминиды, Геркулиды-1, Дельта-Аквариды, Драконилы, Кассиопеиды, Квадрантиды, Корониды, Леониды, Лириды, Пегасиды, Персеиды, Тавриды, Урсиды, Цетиды, Цефеиды.

Комета как объект познания в небесной механике

Комета – тело Солнечной системы, имеющее форму туманного объекта, обращающееся вокруг Солнца по коническому сечению с вытянутой эллиптической орбитой.

Размеры кометы с учётом её «хвоста» составляют от нескольких сотен метров до нескольких сотен миллионов км. Астрофизики наблюдали комету с длиной её хвоста в 240 млн. км. Агрегатный состав кометы: вода в твёрдом состоянии, или водный лёд, сконденсировавшиеся газы и примесные вещества. Примесные вещества комет – летучие вещества, в особенности, окись и двуокись углерода, синильная кислота, аммиак, формальдегид; металлы; силикаты; органические вещества.

Предполагается наличие в составе ядра кометы около двух третей водного льда и одной трети твёрдых каменистых веществ и пыли. Кометы возникли в околосолнечной среде до образования массивных планет Солнечной системы.

Основная часть комет существует в составе пространства космоса с размерами около 10^5 астрономических единиц, названном «облако Орта». В пространстве облака Орта кометы наблюдаются как слабо светящиеся размытые дископодобные тела со сгущениями светимости к центру.

Во внутреннюю часть (область) Солнечной системы некоторые кометы попадают случайно по причинам гравитационных возмущений. Оказавшись во внутренней части Солнечной системы, кометы приближаются к Солнцу по удлинённой орбите, изменяют свой внешний вид по причине быстрого саморазрушения. Состав кометы, наблюдаемой при движении внутри Солнечной системы, установлен различными методами и приборами.

Основные части состава кометы ядро кометы – тело из твёрдых частиц и льда, кома – окружённое туманной оболочкой ядро кометы туманной оболочкой; голова кометы – передняя часть кометы; хвост кометы – её задняя часть в форме светящейся полосы, которая под действием светового давления и солнечного ветра направлена в противоположную от Солнца сторону.

Хвост больших комет от своего твёрдого ядра достигает длины до 10^8 км. Имеются несколько хвостов у одной кометы.

Открыты около 660 комет, в том числе: более 400 короткопериодические кометы с периодом обращения вокруг Солнца менее 200 лет; долгопериодические кометы с периодом обращения вокруг Солнца более 200 лет. Названия комет присваиваются одним из комитетов Международного астрономического союза, учитывая имена первооткрывателя.

В 1994 г. решением Международного астрономического союза утверждена современная система обозначений комет. Около 73 из 660 открытых комет наблюдались более 2 раз. Причинами исчезновения комет являются их разрушения и изменения орбит.

Сателлит как объект познания в небесной механике

Сателлит, или спутник, или спутниковая система по критериям астрономических наук есть космическое твёрдое тело, которое обращается вокруг более массивного небесного тела по закономерностям гравитационного притяжения. Классы сателлитов по критерию гравитирующего тела, вокруг которого обращаются менее массивные космические тела:

сателлиты галактики Млечный путь – звёздные системы, обращающиеся вокруг более массивной нашей Галактики;

сателлиты центра масс-системы «Млечный Путь-Большое Магелланово Облако-Малое Магелланово Облако»;

сателлиты галактики Большое Магелланово Облако и Малое Магелланово Облако являются сателлитами галактики Млечный путь;

сателлиты звёзд галактик;

сателлиты Солнца – все небесные тела, обращающиеся вокруг гравитирующей массы Солнца;

сателлиты планет Солнечной системы;

искусственные сателлиты, спутники планеты Земля, планет и сателлитов Солнечной системы.

Классы сателлитов по критерию «происхождение»: естественный сателлит – космическое тело естественного природного происхождения; искусственный сателлит, или искусственный спутник – сателлиты, созданные людьми и выведенные на орбиты небесных гравитирующих тел околоземного космоса или космоса Солнечной системы.

Систематически исследованы естественные сателлиты планет Солнечной системы. Особые показатели гравитационного поля Солнечной системы определяют закономерности обращения естественного сателлита вокруг планеты. Например, естественный сателлит, или естественный спутник Земли Луна притягивается Солнцем почти вдвое сильнее, чем Землёй. Только у Меркурия и Венеры нет естественных спутников, сателлитов.

К началу 2013 г. выявлено различное количество естественных сателлитов у планет Солнечной системы: Нептун – 13; Уран – 26; Сатурн – 56; Юпитер – 63; Марс – 2; Земля – 1.

Названия естественному сателлиту присваиваются специалистами Международного астрономического союза по именам персонажей греческой и римской мифологии. Для естественных сателлитов планеты Уран принято решение называть их именами персонажей пьес В. Шекспира.

До официального присвоения имени естественного сателлита на Генеральной Ассамблее Международного астрономического союза естественные сателлиты обозначаются знаком S с указанием года, заглавной буквы латинского языка названия соответствующей гравитирующей планеты и последовательности их открытия.

Естественный сателлит карликовой планеты Плутон имеет название «Харон».

Естественные сателлиты, или спутниковые системы планеты Нептун имеют названия: Наяда, Таласа, Деспина, Галатея, Лариса, Протей, Тритон, Нереида, S/2002 N1, S/2002 N2, S/2002 N3, S/2002 N4, S/2003 N1 – всего 13 сателлитов.

Естественные сателлиты, или спутниковые системы планеты Уран: Корделия, Офелия, Бьянка, Крессида, Дездемона, Джульетта, Порция, Розалинда, Белинда, Пак, Миранда, Ариэль, Умбриэль, Титания, Оберон, Калибан, Стефано, Тринкуло, Сикоракс, Просперо, Сетебос, S/2001 U2, S/2001 U3, S/2003 U3 – всего 26 сателлитов.

Естественные сателлиты, или спутниковые системы планеты Сатурн: Пан, Атлас, Прометей, Пандора, Эпиметей, Янус, Мимас, Энцелад, Тефия, Телесто, Калипсо, Диона, Елена, Рея, Титан, Гиперион, Япет, Кивиук, Ижирак, Феба, Паалик, Скади, Албиорикс, Эрриапо, Сиарнак, Тарвос, Мундилфари, Саттунг, Трим, Имир, S/2003 S1– всего 56 сателлитов.

Естественные сателлиты, или спутниковые системы планеты Юпитер: Метида, Адрастея, Амальтея, Теба, Ио, Европа, Ганимед, Каллисто, Темисто, Леда, Гималия, Лиситея, Элара, Эвпория, Ортосия, Эванта, Гарпалика, Праксидика, Тиона, Иокаста, Эрмиппа, Ананке, Эвридома, Паситея, Халдена, Исоноя, Эринома, Кала, Этна, Тайгета, Карма, Спонда, Мегаклита, Калика, Пасифая, Синопа, Автоноя, Каллироя, S/2002 J1, S/2003 J1, S/2003 J2, S/2003 J3, S/2003 J4, S/2003 J5, S/2003 J6, S/2003 J7, S/2003 J8, S/2003 J9, S/2003 J10, S/2003 J11, S/2003 J12, S/2003 J13, S/2003 J14, S/2003 J15, S/2003 J16, S/2003 J17, S/2003 J18, S/2003 J19, S/2003 J20, S/2003 J21 – всего 63 сателлита.

Естественные сателлиты, или спутниковые системы планеты Марс – Фобос, Деймос– всего 2 сателлита.

Естественный сателлит планеты Земля – Луна.

Специалистами в области небесной механики точно определены основные характеристики планет, спутников планет, некоторых астериодов и комет Солнечной системы. Эти сведения изложены в справочниках по астрономии, составляют множество астрономических фактов.

Концепции движения искусственных сателлитов

Для решения достаточно сложных проблем движения искусственных спутников (сателлитов) в составе небесной механики сформировалась автономная специализация, или астрономическая наука – **астродинамика**. Астродинамика астрономическа наука о закономерностях движения искусственных небесных тел, специфике поступательного и вращательного движений космических аппаратов и о методах проектирования их орбит.

В упрощённом определении астродинамика есть астрономическая наука о специфике движения искусственных космических летательных аппаратов. Основная проблема астродинамики – вычисление оптимальных параметров орбит для космических летательных аппаратов:

Основные объекты, методы и закономерности движения космических тел, исследуемые в астродинамике, дополнительно к основной проблеме: разработка и вычисление 1-4 космических скоростей, гравитационный манёвр, стыковка, точки Лагранжа, эффект «Пионера», метод оскулирующих элементов и иное.

Искусственные сателлиты, или искусственные спутники, или искусственные спутниковые системы Земли – небесные твёрдые тела, созданные на Земле или средствами возможных внеземных цивилизаций, выведенные на орбиты гравитирующих тел космоса и обращающиеся некоторое время вокруг определённого центрального небесного тела под действием его гравитации. Внеземные цивилизации не выявлены по настоящее время, поэтому искусственные сателлиты Земли имеют человеческое земное происхождение. Классы искусственных сателлитов по критерию «автономность функционирования»:

автономные активные беспилотные и пилотируемые космические летательные аппараты, созданные специалистами космонавтики и выведенные на орбиты небесных тел околоземного космоса или космоса Солнечной системы для выполнения заданных программ;

пассивные искусственные сателлиты, прекратившие выполнение космической программы и функционирующие в неуправляемом режиме гравитационно зависимого тела околоземного пространства.

Вычисления движений автономных активных беспилотных и пилотируемых космических летательных аппаратов для специалистов небесной механики относится к задачам первичного практического значения. Все классы космических летательных аппаратов программируются специалистами для выполнения особых видов общественно полезной деятельности – научной, оборонной, экономической, коммуникационной и иных.

Критерий оценки небесного объекта, доставленного в космос с поверхности Земли, в качестве искусственного спутника Земли – осуществление таким объектом не менее одного оборота вокруг Земли. Искусственные спутники Земли называются также искусственными небесными телами, обращающимися вокруг Земли.

По критерию целостности множество искусственные спутники (сателлиты) Земли состоит из не менее четырёх классов: космические летательные аппараты (КЛА); части средств доставки космических летательных аппаратов на орбиту Земли; части и элементы космических летательных аппаратов и средств их доставки в разрушенном состоянии макроскопических размеров; отходы функционирования космических летательных аппаратов.

Класс космические летательные аппараты из множества «искусственные сателлиты» представлен сложными техническими устройствами, находящимися в космосе. Основные из таких технических устройств: автоматические межпланетные космические летательные аппараты; пилотируемые космические летательные аппараты; автоматические околоземные космические летательные аппараты, или специализированные искусственные спутники Земли; космические летательные аппараты за орбитами Земли.

По вычислениям специалистов на начало 2013 г. в пределах низких околоземных орбит до высот 2000 км находится **от 220 тыс. до 300 тысяч технологических объектов общей массой до 5000 тонн**. Из указанной величины технологических объектов около 8600 объектов (10%) обнаруживаются и наблюдаются наземными радиолокационными и оптическими средствами. Из множества наблюдаемых 8600 искусственных сателлитов Земли около 6% выполняют космическую программу в режиме активного искусственного сателлита Земли. Около 22% технологических объектов прекратили функционирование и являются относительно целостными большими пассивными искусственными сателлитами Земли.

Все искусственные сателлиты гравитирующих небесных тел по закону тяготения со временем притягиваются к поверхности более массивного тела. Так как Солнце является доминирующим гравитирующим центром Солнечной системы, то все космические летательные аппараты по критерию гравитационного притяжения Солнца составляют класс искусственных сателлитов Солнца.

Так как космические летательные аппараты создавались специалистами для решения конкретных проблем познания и производства, то для них рассчитываются траектории обращения вокруг Земли или целенаправленно исследуемых планет Солнечной системы, чтобы они преждевременно не перешли на орбиты обращения вокруг Солнца.

После выработки энергетических ресурсов и выполнения функций космический летательный аппарат может прекратить существование методом сгорания в плотных слоях атмосфер планет, или выйти на эллиптическую орбиту обращения вокруг Солнца, не расчитанную специалистами, перейти на орбиту захоронения для длительного пассивного функционирования.

В основном с пассивными космическими летательными аппаратами нет связи, их существование вероятностно. За движением пассивных летательных аппаратов, особенно военного назначения с ядерной энергетической установкой ведётся систематическое наблюдение специалистами соответствующих космических служб.

Вычисления движений искусственных спутников (сателлитов) Земли заключаются в решении многих задач: вычисления орбит искусственных спутников (сателлитов) Земли; определение максимально точных параметров не менее шести элементов орбит их движения вокруг Земли и иных небесных тел; выбор направления запуска с Земли космических летательных аппаратов; решение проблем достижения космических скоростей относительно Земли; расчёт космических траекторий по параболе, по кругу, по гиперболе; расчёты факторов изменения орбиты искусственного спутника Земли; иные задачи.

Концепции космических скоростей в астродинамике

Для успешного выведения искусственных летательных аппаратов, или искусственных космических тел в космос важно учитывать радиус сферы действия Земли, Луны и планет, а также параметры космических скоростей.

Величина радиуса сферы действия гравитации Земли относительно Солнца составляет 930 тыс. км. На этом расстоянии от Земли в направлении Солнца влияние гравитации Земли и Солнца на космический летательный аппарат равнозначно. Аналогичный показатель радиуса действия гравитации Луны относительно гравитации Земли составляет 66 тыс. км.

Для оптимального функционирования космических летательных аппаратов существенны параметры 1, 2, 3 космических скоростей данных объектов относительно Земли. Для вычисления движения космических тел в пределах галактики Млечный Путь обоснована величина – «четвёртая космическая скорость».

Космическими скоростями являются минимальные скорости, при достижении которых тело может стать спутником более массивного тела, преодолеть гравитационное притяжение более массивного тела и удалиться от него до бесконечности, преодолеть притяжение Солнца и покинуть Солнечную систему, а также двигаться в пределах галактики Млечный Путь.

Космические скорости определяются относительно поверхности определённого небесного тела. Для современных искусственных спутников Земли и иных классов космических летательных аппаратов космические скорости вычисляются относительно поверхности Земли, так как начало их полётов осуществляется с поверхности нашей планеты.

Первая космическая скорость $v_1к$ относительно поверхности Земли, необходимая для полёта гипотетического, воображаемого искусственного спутника Земли, движущегося по круговой орбите Земли, составляет $v_1к$ = 7,91 км/с. Космические скорости вычисляются и для поверхностей иных космических тел, например на Луне $v_1к$ = 1,68 км/с.

Вторая космическая скорость $v_2к$ относительно поверхности Земли необходима космическому кораблю, объекту (телу) на пассивном участке начала своего полёта с поверхности Земли для преодоления гравитационного притяжения Земли и удаления от неё в бесконечное космическое пространство. Величина второй космической скорости относительно поверхности Земли составляет $v_2к$ = 11,2 км/с.

Космические скорости вычисляются и для поверхностей иных космических тел, например на Луне v_2 = 2,375 км/с. Если космический объект начинает движение в космос с поверхности Солнца, то ему необходимо придать вторую космическую скорость величиной $v_2к$ = 617,7-620 км/с для преодоления гравитации Солнца и удаления в бесконечность космоса. Если космический объект начинает движение в космос в районе орбиты Солнца у поверхности галактики Млечный Путь, то ему для преодоления гравитации галактики Млечный Путь следует иметь величину $v_2к$ = 400 км/с.

Вторая космическая скорость называется также «параболическая скорость», «скорость освобождения» и «скорость убегания», так как выражает наименьшую скорость, которую необходимо придать объекту, чтобы преодолеть гравитационно притяжение иного более массивного объекта и покинуть круговую орбиту вокруг него.

Третья космическая скорость $v_{3к}$ относительно поверхности Земли необходима космическому кораблю (объекту, телу) на пассивном участке начала своего полёта с поверхности Земли для преодоления гравитационного притяжения Солнца и удаления от его в бесконечное космическое пространство за пределы Солнечной системы. Минимальная величина третьей космической скорости относительно поверхности Земли составляет $v_{3к} = 16{,}6$ км/с.

Если учитывать направления выхода космического летательного аппарата (тела) из сферы гравитационного действия Земли по отношению к направлению орбитального движения Земли, то начальная скорость v_0 космического аппарата при старте с поверхности Земли с целями последующего полёта за пределами гравитации Солнца должна составлять величины в пределах **от 16,6 км/с до 72,8 км/с**.

Максимальная скорость, приданная космическому летательному аппарату с Земли во время старта, или на начале своего пассивного участка полёта составляет **58 338 км/ч**. Такую скорость развила ракета-носитель беспилотного космического летательного аппарата «Нью Хоризонс» («Новый горизонт»), запущенная 19 января 2006 г. специалистами НАСА США для полёта к карликовой планете Плутон с целями исследования свойств этой планеты и её сателлитов. Космический летательный аппарат «Новые горизонты» достиг наибольшей скорости покидания Земли с величиной третьей космической скорости 16,21 км/с.

Четвёртая космическая скорость – минимально необходимая скорость тела, позволяющая преодолеть притяжение галактики в данной точке пространства. Четвёртая скорость численно равна квадратному корню из гравитационного потенциала в данной точке галактики при условии признания гравитационного потенциала, равного нулю на бесконечности.

Специалисты вычислили показатели возможной четвёртой космической скорости – движения тела в определённых координатных точках галактики Млечный Путь и иных классов галактик. В координате (районе) Солнца четвёртая космическая скорость составляет для объекта величину около **550 км/с**.

Значения четвёртой космической скорости в иных координатных точках зависят от точных значений от расстояния до центра галактики Млечный Путь, от распределения масс вещества и иных величин.

Исследования движений пассивных искусственных сателлитов Земли

Пассивный искусственный сателлит Земли – созданное специалистами и выведенное на орбиты Земли твёрдое тело – технический объект, – прекратившее выполнение космической программы и функционирующее в неуправляемом людьми режиме гравитационно зависимого тела околоземного космоса. Оценочно и метафорично пассивные искусственные сателлиты Земли называются «космический мусор».

Множество пассивных искусственных сателлитов Земли («космический мусор») составляют: части систем доставки космических летательных аппаратов на орбиты небесных тел Солнечной системы; пассивные части и элементы разрушенных космических летательных аппаратов после их выхода из режима управляемого функционирования; технические элементы и отходы функционирования активных космических летательных аппаратов.

В общем составе пассивных искусственных сателлитов Земли около 17% – отработанные верхние ступени и разгонные блоки ракет-носителей; около 55% – технические отходы, части от взрывов и иные фрагментации.

Значение пассивных классов искусственных спутников (сателлитов) Земли необходимо учитывать для обеспечения безопасности доставки новых космических летательных апаратов в космос, безаварийного обращения активных космических летательных апаратов, планомерного уничтожения прекративших функционирование космических летательных апаратов, а также для осуществления оборонительных и военных целей деятельности государств.

Опасность взаимодействия с пассивными технологическим объектами заключается в том, что большинство этих объектов находится на орбитах с высоким наклонением, их плоскости пересекаются, а средняя относительная скорость их взаимного пролёта составляет 10 км/с.

По причине огромного показателя величины кинетической энергии пассивный космический технический объект закономерно разрушает действующий космический летательный аппарат в случаях взаимодействия (столкновения) с ним. Дополнительно к механическим разрушениям, происходит радиоактивное заражение, а также химическое заражение канцерогенными веществами.

Многие разведывательные военные искусственные сателлиты имеют ядерную энергетическую установку. По критериям высокой радиоактивной активности такие технические сателлиты опасны для иных объектов космоса и космонавтов, для жизни на Земле в случае их падения на поверхность суши или водных объектов Земли. Эффективные меры защиты от пассивных космических объектов (космического мусора) отсутствуют.

Наиболее заполнены пассивными искусственными сателлитами Земли низкая орбитальная орбита, геостационарная орбита, солнечно-синхронные орбиты. В частности, низкоорбитальные военные разведывательные спутники с ядерной энергетической установкой после окончания их активного функционирования отправляются на низкие орбиты захоронения с размерами около 650-1000 км; существование таких пассивных сателлитов на орбитах захоронения составляет около 2 тыс. лет.

В абстрактном значении орбитой захоронения является орбита с высотой на 200 километров выше высоты геостационарной орбиты. На «захоронение» отправляются выполнившие программу активные космические летательные аппараты с целями уменьшения вероятности столкновений и освобождения места на геостационарной орбите для иных работающих аппаратов.

По оценке специалистов, заполнение орбит Земли пассивными искусственными сателлитами зависит от результатов космической деятельности государств человечества. Поступление пассивных искусственных сателлитов на околоземные орбиты обеспечивают следующие государства: КНР доставляет 40% пассивных сателлитов, США – 27,5%, Россия – 25,5%, иные государства создают 7% пассивных искусственных сателлитов Земли.

Специалисты предлагают различные концепции исследований движений пассиыных искусственных сателлитов на орбитах Земли, используя возможности международного сотрудничества. Например, мероприятия по систематическому мониторингу за движением пассивных сателлитов Земли; математическое моделирование и прогнозирование вариантов опасного сближения пассивных сателлитов с активными космическими летательными аппаратами; своевременное предоставление специалистам государств информации о неконтролируемых ситуациях изменений орбит пассивных сателлитов; рекомендации по разработке средств защиты активных космических летательных аппаратов от воздействия микрочастичного пассивного сателлита.

Концепции вычисления эфемерид

Вычислениями эфемерид заняты специалисты эфемеридной астрономии – астрономической науки о вычислениях эфемерид небесных светил с применением законов небесной механики. При решении проблем специалисты эфемеридной астрономии используют информацию о результатах небесной механики, астрометрии, астрофизики звёзд, геодезии, математических наук. По современным критериям эфемеридная астрономия является одной из специализаций небесной механики.

Проблемы эфемеридной астрономии: исследование теоретических основ определения систем координат, которые (системы) используются в астрономических наблюдениях и в организации полётов космических аппаратов; вычисления более точных числовых значений астрономических постоянных и геодезических постоянных, необходимых для численного выражения более точных координат небесных тел, а также для обработки и систематизации результатов астрономических и геодезических наблюдений; составление астрономических ежегодников и астрономических таблиц; предварительные вычисления, или предвычисления, положения критериальных, специальных небесных светил с целями организации наблюдений за искусственными спутниками Земли методами лазерной физики и радиотехники; предвычисления специальных небесных светил для организации процедур, сеансов радиолокации Луны и небесных тел Солнечной системы и светолокации Луны.

Эфемеридами называются систематизированные в астрономических табли-цах результаты вычислений возможных будущих положений небесных светил и небесных тел на небесной сфере, заданных в определённых системах координат для определённого ряда последующих моментов времени. Эфемериды создаются для индивидуализированных единичных тел космоса.

Наиболее распространённые расчёты эфемерид: эфемериды Луны; эфемериды Солнца; эфемериды каждой из планет Солнечной системы; эфемериды каждого из астероидов Солнечной системы; эфемериды каждого из единичных космических летательных аппаратов искусственных спутников Земли.

Эфемериды единичного космического тела содержат полную информацию для каждого конкретного момента времени о параметрах фундаментальной пространственно-временной системе отсчёта данного тела.

На основе этой предвычисленной информации о возможном положении небесного тела может быть создана конкретная программа научных исследований или каких–либо прикладных работ во всяких системах точных естественных наук, в техническом естествознании, в геодезических работах, в системах строительства и транспорта. Эфемериды используются в организации морской навигации, спутниковой навигации, в геодезических прикладных измерениях.

Современные концепции (варианты) эфемерид рассчитываются с определённым интервалом времени. Эфемериды искусственного спутника Земли в основном вычисляются на 1 или 2 месяца возможного его будущего функционирования, так как более длительные периоды момента его времени работы просчитываются с очень низкой вероятностью. Эфемериды для малых планет Солнечной планетарной системы просчитываются на год и более.

Вычисления эфемерид представляет собой достаточно кропотливую работу по вычислению геометрическими и алгебраическими методами максимально точных пространственно-временных параметров движения небесного тела, учитывая влияние на него различных факторов космического пространства. Вычисления эфемерид проводятся на основе фактов астрономических наблюдений и подтверждаются систематическими наблюдениями.

Наиболее типичные современные концепции (модели) расчётов эфемерид различных небесных тел: эфемериды В. Богданова с расчётом на 20 лет в будущее; эфемериды Немецкие Отто Барта на 40 лет в будущее; эфемериды Рафаэля на 50 лет в будущее; эфемериды Американские Нейла Майкелсена на 100 лет в будущее.

Для составления эфемерид приняты идеализации, или особые понятия, отличающиеся по содержанию от понятий наблюдательных систем астрономических наук. Важной идеализацией эфемеридной астрономии является система эфемеридного времени.

Эфемеридное время – период равномерно текущей последовательности изменений объектов, признанный учеными в качестве независимой переменной в уравнениях движения небесных тел, исследуемых в эфемеридной астрономии и в теоретической астрономии в целом. Эфемеридное время признаётся равномерно текущим временем, которое не зависит от неравномерности вращения Земли. Единицей измерения эфемеридного времени принята эфемеридная секунда.

Числовое значение эфемеридной секунды определяется специалистами на конкретную дату. На тропический год 1990-й 0 января 12 часов эфемеридная секунда составляет, или равна, 1/31556925, 9747 тропического года 1990, января 0,12 час.

В 1998 г. для оптимизации вычислений эфемерид принято решение об установлении соответствия числовых значений эфемеридного времени и всемирного времени. Всемирное время расчитывается по параметрам вращения Земли и отличается отставанием от эфемеридного времени на 56 секунд в период с начала 20 века до 1986 года.

Исторически эфемеридная астрономия возникает в арабской культуре Средневековья с 10 века. В этот период астрономические наблюдения астрономов Европы, Ближнего Востока и Азии были обобщены в астрономических таблицах. Основные достижения эфемеридной астрономии периода Средневековья изложены в текстах книг: «Хакемитские таблицы» –

ибн Юсуф, 1000 г.; «Толедские таблицы» – Архазель, 1080 г.; «Альфонсовы таблицы» – группа астрономов под руководством короля Альфонса X, 1252 г.; «Ильханский зижд» – Н. Туси, 1270 г.; календарь «Эфемериды на годы с 1475 по 1506» – Региомонтан, 1474 г.; «Прусские таблицы» – Э. Рейгольд, 1551 г.; «Рудольфинские таблицы» – И. Кеплер, 1627 г.

Достижения эфемеридной астрономии в 19 веке: составление системы астрономических постоянных на основе авторской методики обработки подготовленных другими авторами эфемерид за длительные интервалы времени, теория эфемерид больших планет – С. Ньюком, Дж. Хилл; составление эфемерид Луны и создание теории Луны – П. Ганзен, Э. Браун, Дж. Хилл.

Достижения эфемеридной астрономии в 20 веке: составление усовершенствованных эфемерид Луны и создание теории Луны «по Брауну» – Э. Браун; вычисления эфемерид Луны по рядам Брауна без помощи астрономических таблиц эфемерид – творчество коллективов учёных Западной Европы, США, СССР; вычисление эфемерид галилеевских спутников планеты Юпитера и создание их теории – В. де Ситтер и др.; создание метода численного интегрирования для составления эфемерид внешних йовических спутников до 2000 г. – П. Хергет и др.; анализ эфемерид сателлит разных классов и решение общих проблем устойчивости спутниковых систем – Ю. Хагихара и др.

ПРОБЛЕМАТИКА И КОНЦЕПЦИИ СФЕРИЧЕСКОЙ АСТРОНОМИИ

Общая характеристика сферической астрономии

Сферическая астрономия – наука о свойствах расположения и закономерностях перемещений видимых и систематически наблюдаемых объектов на небесной сфере; или – астрономическая наука о свойствах и закономерностях видимого расположения и движения естественных и искусственных тел на небесной сфере.

Проблемы сферической астрономии: установление, определение необходимых и оптимальных уровней точности при исследовании расположения светила или всякой иной точки на небесной сфере; исследование закономерностей явлений, обусловленных суточным вращением небесной сферы – восход, заход и кульминации светил; измерения координат светил и их изменений в период суточного движения; определение орбит небесных тел; определение специфики суточного движения Солнца на разных широтах Земли; разработка теоретических основ и способов измерения и счёта времени; обоснование вариантов систем счёта времени; решение задач сферических треугольников по формулам сферической тригонометрии для определения наблюдаемых положений и движений небесных тел.

Проблематика современной сферической астрономии исследуется с привлечением методов некоторых математических наук: сферическая геометрия; сферическая тригонометрия; матричная алгебра; тензорное и векторное алгебраические исчисления; математическая физика. Методы и часть проблем сферической астрономии связаны с методами и проблемами геодезических наук и физической географии, позиционной астрометрии, сферической теоретической астрометрии, небесной механики. По этой причине содержание сферической астрономии включается некоторыми учёными в содержание астрометрии.

Для сферической астрономии не существенны физико-химические свойства небесных объектов, но существенны их пространственные соотношения. Важнейшие в сферической астрономии пространственные соотношения – система небесных координат с правилами их преобразований.

Сферическая астрономия использует знания сферической геометрии, но не принадлежит к системе математических наук, так как математические абстракции применяются к познанию зрительно-сенсорных наблюдаемых объектов неба и проверяются в наблюдениях за повторяющимися космическими явлениями, доступными и для человеческого освоения.

Понятийная система сферической астрономии достаточно сложная, но отличается объективной истинностью и практической полезностью. Расчёты расположения небесных объектов между собой и по отношению к наблюдателю, находящемуся в разных точках земной поверхности имеют локальное жизненно практическое, производственно-техническое и глобально-цивилизационное значение. Например, определение местонахождения различных классов искусственных спутников Земли, космических летательных объектов, измерения времени.

Так как исторически звёзды, планеты, кометы и иные космические тела были доступны наблюдателю на Земле исключительно в форме светящихся объектов, доступных для познания невооружённым взглядом или астрономическими приборами, небесные тела в сферической астрономии называются «светила».

По мнению астрономов древних цивилизаций и средневековья, к множеству светил относятся следующие космические тела: Солнце; Луна; пять блуждающих светил, или планеты, названные учёными Древнего Рима именами древнеримской политеистической религии – Меркурий, Венера, Марс, Юпитер, Сатурн; яркие звезды, видимые невооружённым взглядом в количестве около трёх тысяч на одном из полушарий Земли; созвездия – группы наиболее ярко светящихся неподвижных для наблюдателя звёзд.

В современной астрономии понятие «светило» относится к обозначению светящегося небесного тела и конкретно характеризует Солнце, Луну, звёзды космоса. В гуманитарной и социальной культурах слово «светило» выступает синонимом слова «знаменитость». Для сферической астрономии светилом являются Солнце, Луна, звезды космоса – светящиеся небесные объекты независимо от их физических и химических свойств.

Понятия и методы сферической астрономии

Сферическая астрономия методами и содержанием многих понятий связана с науками о Земле. Условием разработки проблематики сферической астрономии признана аксиома о Земле как объекте шарообразной формы, внутри которого находится наблюдатель за объектами, расположенными и изменяющимися за пределами Земли на небе. Основные понятия физической географии и геодезии используются в современной сферической астрономии, в том числе:

ось вращения Земли – идеализированная, воображаемая прямая, которая проходит через центр массы Земли и вокруг которой Земля вращается;

северный географический полюс – точка пересечения оси вращения Земли с её поверхностью, или с земной поверхностью, со стороны которой (точки) вращение Земли происходит против хода часовой стрелки;

южный географический полюс – точка пересечения оси вращения Земли с её поверхностью, или с земной поверхностью, со стороны которой (точки) вращение Земли происходит по ходу часовой стрелки;

земной экватор – большой круг, или максимально возможно большой круг, на поверхности шарообразной Земли, плоскость которого (круга) перпендикулярна к оси вращения Земли;

географические параллели – малые круги на поверхности шарообразной Земли с плоскостями, параллельными плоскости земного экватора;

географические меридианы – большие полукруги на поверхности шароо́б-разной Земли, проходящие через северный и южный географические полюса, а также через определённую точку О на поверхности Земли, являющуюся (точка О) элементом данного полукруга.

Нулевым, или начальным географическим меридианом признан меридиан, проходящий между географическими полюсами и поверхностью точки на полу Гринвичской астрономической обсерватории, расположенной в Великобритании. Нулевой меридиан и отстоящий от него на 180^0

меридиан делят земную поверхность на восточное полушарие и западное полушарие;

географические координаты – географическая широта и географическая долгота.

Основные идеализации, понятия сферической астрономии, организующие предметную область исследований в данной науке: небесная сфера, небесный свод, небесные координаты.

Понятие небесной сферы является идеализацией, обоснованной астрономами с использованием понятия сферы, принятого в качестве системообразующего понятия сферической геометрии. Сфера в сферической геометрии определяется замкнутой поверхностью, все точки которой одинаково удалены от какой-либо одной её точки, являющейся центром сферы; или: сфера – замкнутая поверхность, состоящая из точек, находящихся на определённом расстоянии от определённой точки, характеризуемой центром сферы.

Расстояние нахождения (расположения) точки поверхности сферы от её центра есть радиус сферы. Радиус сферы – это прямая линия, соединяющая центр сферы с какой-либо точкой данной замкнутой поверхности; радиус сферы – длина прямой линии, соединяющей точку сферы с ее центром.

Всякий отрезок, соединяющий две точки сферы, есть хорда. Проходящая через центр сферы хорда называется диаметр сферы. Диаметр сферы равен удвоенному радиусу сферы. Окружностью сферы является сечение её плоскостью. На сфере устанавливаются полюса сферы, полуокружности, меридианы сферы, параллели сферы. Часть пространства, ограниченная сферой и содержащая её центр, есть шар.

В исследованиях по сферической геометрии применяются особенные формулы и соотношения фигур, которые адаптируются специалистами сферической астрономии к познанию небесных тел на небесной сфере.

Небесная сфера – это состояние замкнутой поверхности произвольного радиуса с величиной, равной единице, центр которого находится в избранной точке наблюдения, а наблюдаемый объект на небесной сфере доступен наблюдателю из разных мест своего нахождения. В понятии небесной сферы рационально моделируются, идеализируются пространственные расположения космических, небесных тел-светил, доступных наблюдению.

Воображаемый наблюдатель в центре небесной сферы наблюдает положения светил, или светящихся тел, точек на поверхности небесной сферы в таком же расположении, как и реальный наблюдатель, познающий реальные светила на реальном физическом небе. По критерию местонахождения наблюдателя различаются классы небесной сферы:

топоцентрическая небесная сфера – воображаемая сфера произвольного радиуса, на которой небесные тела, космические объекты изображаются с места наблюдения на земной поверхности по параллельным направлениям;

геоцентрическая небесная сфера – сфера, на которой небесные тела, или космические объекты, изображаются наблюдаемыми из центра Земли;

гелиоцентрическая небесная сфера – сфера, на которой небесные тела, космические объекты изображаются наблюдаемыми из центра Солнца.

Специалистами сферической астрономии принята **аксиома:** вращение небесной сферы для наблюдателя на поверхности Земли воспроизводит реальное суточное вращение светил на небе. Небесная сфера является идеализированным объектом изучения видимых положений и движений небесных тел-светил. На поверхности небесной сферы устанавливаются, фиксируются согласованные между специалистами линии и точки, по которым, или по отношению к которым, производятся определённые измерения характеристик светил.

Вычисленные характеристики признаются специалистами в качестве реальных свойств реальных светил и по мере возможности подвергаются проверке в реальных физических экспериментах, в реальных астрономических наблюдениях за сезонными природными процессами, а также проверяются при создании и эксплуатации космических летательных аппаратов.

Основные линии и точки небесной сферы по критерию расположения их по отношению к наблюдателю:

вертикальная, или отвесная линия – прямая линия, проходящая через центр с условным обозначением О по поверхности небесной сферы и совпадающая с направлением нити отвеса в месте наблюдения;

зенит небесной сферы, или зенит – точка пересечения отвесной линии с поверхностью небесной сферы, расположенная (точка) над головой наблюдателя;

надир небесной сферы, или надир – точка пересечения отвесной линии с поверхностью небесной сферы, расположенная (точка) под ногами наблюдателя, скрытая в земной поверхности; или – точка, противоположная зениту небесной сферы;

математический горизонт – большой круг небесной сферы, плоскость которого перпендикулярна к отвесной линии, разделяющий поверхность небесной сферы на две половины по критерию зрительного восприятия наблюдателя: видимая поверхность небесной сферы с вершиной в зените; невидимая поверхность небесной сферы с вершиной в надире.

Основные линии и точки небесной сферы по критерию расположения по отношению к светилу:

альмукантарат светила – проходящий сквозь светило малый круг небесной сферы, плоскость которого (малого круга) параллельна плоскости математического горизонта;

вертикал светила, или вертикальный круг светила, или круг высоты светила – большой полукруг небесной сферы, проходящий через зенит, светило и надир;

кульминация светила – два момента, или явления, пересечения светилом небесного меридиана;

верхняя кульминация светила – момент пересечения светилом части небеного меридиана, на котором расположена точка зенита; или – пересечение светилом небесного меридиана с максимальной, или бо́льшей высотой;

нижняя кульминация светила – момент пересечения светилом небесного меридиана с минимальной его (светила) высотой, в том числе, момент нахождения светила под видимым горизонтом, или – пересечение светилом небесного меридиана с минимальной (меньшей) высотой.

Некоторые основные линии и точки небесной сферы по критерию расположения по отношению к оси мира:

ось мира – диаметр небесной сферы, вокруг которого происходит её вращение ; или – прямая линия, проходящая через центр небесной сферы параллельно оси вращения Земли, совпадающая в основном с пунктом наблюдения; или – прямая линия, параллельная оси вращения Земли и вокруг которой происходит видимое суточное вращение небесной сферы;

северный полюс мира – точка пересечения оси мира с поверхностью небесной сферы, со стороны которой вращение небесной сферы происходит по ходу движения часовой стрелки при условии наблюдения за небесной сферой извне;

южный полюс мира – точка пересечения оси мира с поверхностью небесной сферы, со стороны которой вращение небесной сферы происходит против хода движения часовой стрелки при условии наблюдения за небесной сферой извне;

небесный экватор – большой круг небесной сферы, плоскость которой перпендикулярна к оси мира и разделяет поверхность небесной сферы на северное полушарие с северным полюсом мира и южное полушарие с южным полюсом мира;

суточная параллель светила – малый круг небесной сферы, плоскость которого параллельна плоскости небесного экватора; по суточным параллелям совершаются видимые суточные движения светил;

круг склонения светила – большой полукруг небесной сферы, проходящий через полюсы мира и через светило;

небесный меридиан – большой круг небесной сферы, плоскость которого проходит через отвесную линию и ось мира;

полуденная линия – прямая линия, по которой пересекаются плоскость небесного меридиана и плоскость математического горизонта.

Небо, или небесный свод в сферической астрономии – внутренняя поверхность небесной сферы, на которую проецируются небесные объекты, небесные тела, находящиеся в космосе, или в космическом пространстве.

Наблюдателю без использования приборов доступны при условии наблюдений в двух полушариях Земли около 6000 тысяч ярких небесных тел – звёзд, которые объединены в созвездия, или группы звёзд. Количество созвездий на небесном своде, или небе – 88, из которых 56 доступны наблюдателю средних широт северного полушария Земли.

Положения светила, точки на небесной сфере определяются «небесные координаты». Небесные координаты устанавливаются на основе правил сферической системы координат. По этим правилам ориентации исследуемой точки (тела) в трёхмерном пространстве точно фиксируются двумя геометрическими точками (состояниями) сферического пространства.

Первое сферическое состояние, или первая точка сферической системы координат представляет собой структуру. Её состав: полюс сферы; главная ось сферической системы координат, которой является диаметр сферы, проходящий через этот полюс и называемая осью Oz; главная плоскость сферической системы координат – перпендикулярная главной оси плоскость xOy.

Вторая точка, или состояние сферического пространства есть пересечение оси Ox со сферой, являющееся началом отсчёта в главной плоскости сферической системы координат.

Небесные координаты – выраженные числами две угловые величины, которыми однозначно определяется положение объекта на небесной сфере относительно принятой основной плоскости и точки начала отсчёта. По критерию выбора основной плоскости и точки начала отсчёта созданы не-сколько систем небесных координат.

Наиболее важные классы множества стандартная (традиционная) система небесных координат: горизонтальная система небесных координат; первая экваториальная система небесных координат; вторая экваториальная система небесных координат; эклиптическая система небесных координат; галактическая система небесных координат.

Горизонтальная система небесных координат и две экваториальные системы небесных координат определяются в основном по результатам астрономических наблюдений. Эклиптическая и галактическая системы небесных координат определяются в основном методами математических вычислений.

Особенности **горизонтальной системы небесных координат** (ГСНК). Основная плоскость ГСНК представлена плоскостью математического горизонта. Точка отсчёта ГСНК ведётся от зенита и от одной из точек математического горизонта. Одной из координат ГСНК является или высота светила над горизонтом, или зенитное расстояние. Второй координатой (координатной точкой) ГСНК выступает азимут светила – дуга математического горизонта.

Особенности **первой экваториальной системы небесных координат** (ПЭСНК). Основная плоскость ПЭСНК представлена плоскостью небесного экватора. Точка отсчёта ПЭСНК ведётся от точки небесного экватора. Одной из координат ПЭСНК является склонение δ светила. Второй координатой ПЭСНК выступает часовой угол t светила.

Особенности **второй экваториальной системы небесных координат** (ВЭСНК). Основная плоскость ВЭСНК – плоскость небесного экватора. Точка отсчёта ВЭСНК ведётся от точки небесного экватора. Одной из координат ВЭСНК является склонение δ светила, или полярное расстояние ρ. Второй координатой ВЭСНК является прямое восхождение α светила.

Вторая экваториальная система небесных координат общепринята в астроме́трии для составления списков и каталогов звёзд и иных светил, а также для создания звёздных карт.

Особенности **эклиптической системы небесных координат** (ЭСНК). Основная плоскость ЭСНК – эклиптика, или плоскость перемещения Солнца среди звёзд в направлении с запада к востоку по большому кругу небесной сферы. Точка отсчёта ЭСНК ведётся от точки весеннего равноденствия. Одной из координат ЭСНК является эклиптическая широта β светила. Второй координатой ЭСНК – эклиптическая долгота λ светила. Эклиптическая система небесных координат применяется в основном при расчётах орбит планет.

Особенности галактической системы небесных координат (ГСНК).

Основная плоскость ГСНК – плоскость, проходящая через центр галактики Млечный Путь и совпадающая с плоскостью Галактики, которая пересекает небесную сферу по линии галактического экватора. Точка отсчёта ГСНК – точка пересечения галактического экватора под углом в 63^0 с небесной сферой.

Одной из координат ГСНК является галактическая долгота l светила – дуга галактического экватора, идущая от направления на центр Галактики против хода часовой стрелки при условии наблюдения с севера, или в сторону возрастания прямых восхождений от 0^0 до 360^0.

Второй координатой ГСНК является галактическая широта b светила – дуга круга галактической широты, движущаяся от галактического экватора до светила в пределах от 0^0 до $\pm 90^0$.

Галактическая система небесных координат применяется в основном при расчётах положений объектов в пределах галактики Млечный Путь.

Концепции пространственного размещения созвездий

В истории астрономии с древних времён созвездиями называли участки небесной сферы со специфическими границами. Эти границы имели многофункциональное значение для оптимизации ориентации на звёздном небе и установления связей между небесными, географическими природными процессами, хозяйственной и политической деятельностью индивидов, этносов и государств.

Названия и границы созвездий существенны для исследований в гороскопической астрологии, или астрономике. Количество созвездий, их названия и функции определялись научными и ненаучными методами.

В 1922 г. Первая Генеральная ассамблея Международного астрономического союза (МАС) определила количество и расположение на небе, а также названия 88 созвездий. Созвездиями по решению МАС являются группы наблюдаемых звёзд, располагаемых на участках небесной сферы со специфической пространственной формой, или организацией.

Границы между созвездиями были установлены с 1930 г. по 1935 г. по областям прямых линий, которыми изображают прямые восхождения и склонения экваториальной системы координат, принятой в сферической астрономии на эпоху 1875.0.

Из 88 созвездий 47 созвездий были известны с древнейших времён и имеют названия, связанные с мифами Древней Греции. Иные созвздия были открыты в европейской культуре и получили названия в период географических открытий 17-18 вв. В каждом из созвездий имеется разное количество наблюдаемых звёзд: наибольшее количестве звёзд – 150 звёзд – находится в созвездии Лебедь, наименьшее – 10 звёзд – в созвездии Малый Конь.

Множество **88 созвездий** имеет названия, принятые решением Международного астрономического союза: Андромеда, Близнецы, Большая Медведица, Большой Пес, Весы, Водолей, Возничий, Волк, Волопас, Волосы Вероники, Ворон, Геркулес, Гидра, Голубь, Гончие Псы, Единорог, Дева, Дельфин, Дракон, Жертвенник, Живописец, Жираф, Журавль, Заяц, Змееносец, Змея, Золотая Рыба, Индеец, Кассиопея, Киль, Кит, Козерог, Компас, Корма, Лебедь, Лев, Летучая Рыба, Лира, Лисичка, Малая Медведица, Малый Конь, Малый Лев, Малый Пес, Микроскоп, Муха, Насос, Наугольник, Овен, Октант, Орел, Орион, Павлин, Паруса, Пегас, Персей, Печь, Рак, Райская Птица, Резец, Рыбы, Рысь, Секстант, Сетка, Скорпион, Скульптор, Стрела, Стрелец, Столовая Гора, Телец, Телескоп, Треугольник, Тукан, Феникс, Хамелеон, Центавр, Цефей, Циркуль, Часы, Чаша, Щит, Эридан, Южная Гидра, Южная Корона, Южный Крест, Южная Рыба, Южный Треугольник, Ящерица.

Зодиакальные созвездия – группа доступных для наблюдений с Земли созвездий, с которыми исторически связывались знаменательные для жизни людей, этносов и государств природные и общественные, личностные и коллективные события.

Зодиак в современной астрономии – часть небесной сферы, или полоса на небесной сфере, или зона на звёздном небе с шириной около 20^0, с направлением центра на эклиптику, в пределах которой происходят видимое движение Солнца, Луны и первостепенных планет Солнечной системы.

В пределах Зодиака по критериям Международного астрономического союза находится **13 индивидуальных зодиакальных созвездий**: созвездие Стрелец; созвездие Козерог; созвездие Водолей; созвездие Рыбы; созвездие Овен; созвездие Телец; созвездие Близнецы; созвездие Рак; созвездие Лев; созвездие Дева; созвездие Весы; созвездие Скорпион; созвездие Змееносец. Каждое из зодиакальных созвездий имеет свой символ.

Солнце входит на их участки и проходит их от 8 суток до 34 суток в определённые дни месяцев: созвездие Стрелец – 19 декабря-21 января; созвездие Козерог – 22 января-16 февраля; созвездие Водолей – 17 февраля-12 марта; созвездие Рыбы – 13 марта-18 апреля; созвездие Овен – 19 апреля-14 мая; созвездие Телец – 15 мая-21 июня; созвездие Близнецы – 22 июня-21 июля; созвездие Рак – 22 июля-11 августа; созвездие Лев – 12 августа-17 сентября; созвездие Дева – 18 сентября-31 октября; созвездие Весы – 1 ноября-22 ноября; созвездие Скорпион – 23 ноября-30 ноября; созвездие Змееносец – 1 декабря-18 декабря.

Проблема времени в сферической астрономии

Время в абстрактном обобщении есть последовательность изменений объектов от настоящего актуального состояния к новому состоянию, которое относительно к настоящему является будущим. Состояния объектов, предшествовавшие настоящему, называются прошлым. Для сферической астрономии существенна проблема точности измерения времени, или практической реализации шкалы времени.

Для решения этой проблемы необходимо связать наблюдаемые природные явления с определённым периодическим процессом, который можно признать равномерным. Такого класса строго периодических процессов в природе нет. Равномерно периодические процессы, необходимые для измерения равных промежутков времени, в физике и астрономии заменяют на квазипериодические процессы, у которых периодичность выполняется с достаточной определённой точностью.

Исторически первым квазипериодическим процессом был признан специалистами по измерению времени в Древнем Египте процесс чередования дня и ночи, или, если использовать точные научные понятия – оборот Земли вокруг своей оси с учётом движения Земли относительно Солнца. По этому критерию счёт времени проводится солнечными сутками, продолжительность которых в течение года, по современным наблюдениям и вычислениям, меняется в пределах ±25 секунд.

Квазипериодический процесс смены фаз Луны был определён в Древнем Вавилоне как естественная единица счёта времени, названная синодический месяц, или **месяц**. Квазипериодический процесс смены времён года был определён в древности как естественная единица счёта времени, названная в настоящее время **тропический год**.

Квазипериодический процесс периода обращения Земли относительно далёких звёзд, установленный специалистами астрономии в 20 в., обеспечивает реализацию шкалы времени с точностью до 10^{-3} секунд в течение нескольких месяцев.

В физической метрологии на основе достижений физики атома к 1960 г. был установлен сверхточный квазипериодический процесс, по которому экспериментально определена основная единица времени в международной системе физических единиц СИ – **секунда**. Таким квазипериодическим процессом является продолжительность 9 192 631 770 периодов колебаний электромагнитной волны, излучаемой атомом нуклида цезия-133 (^{133}Cs), находящимся в основном энергетическом состоянии.

Атомный стандарт времени, или атомное время был введён во всех государствах человечества с 1 января 1972 г. с названием **Международное атомное время TAI**. Атомное время измеряется приборами, называемыми атомохроны, или атомными часами с точностью до ошибки в 1 секунду за 10 тыс. лет, или 1/1013, или 10^{-14} с.

Атомное время не зависит от астрономических наблюдений, не связано с естественной периодичностью смены дня и ночи в жизни людей, отличается избыточной точностью относительно повседневной жизни людей и по отношению к длительности общественно-исторических и природных процессов. TAI признан специалистами универсальной физической основой познания динамики разнородных процессов природы и для познания астрономических свойств и закономерностей небесных объектов.

В сферической астрономии разработаны концепции (варианты) определения исторически традиционных естественных единиц измерения времени, интервалов времени, к которым относятся сутки, месяц, год. Основные единицы измерения времени в сферической астрономии не являются системными единицами по критериям физической метрологии и Международной системы СИ.

По критерию соответствия суток, месяца, года естественным природным квазипериодическим явлениям их называют «естественные единицы измерения времени». Между естественными единицами измерения времени и системными единицами СИ установлены адекватные соотношения.

Концепции измерения суточного интервала времени

Для измерения относительно непродолжительных интервалов, промежутков времени в сферической астрономии и эфемеридной астрономии используется единица измерения с названием «сутки».

Сутки, или суточный интервал времени – внесистемная естественная единица измерения времени, составляющая согласованную специалистами величину в 24 часа, а также составляющие их (сутки) части, или величины, или доли, или единицы – часы, минуты, секунды. Исторически понятие суток формировалось на основе смены дня и ночи на Земле, или в соответствии с периодом оборота Земли вокруг своей оси.

В сферической астрономии понятие «сутки» используется как синоним понятия «земные сутки». В эфемеридной астрономии термин «сутки» используется как синоним понятия «эфемеридные сутки».

Эфемеридные сутки – величина измерения интервала времени, вычисляемая по астрономическим таблицам специалистами эфемеридной астрономии и численно равная точным 24 часам, 1440 минутам, или 86400 секундам.

Земные сутки – внесистемная естественная единица измерения времени, составляющая согласованную специалистами сферической астрономии величину около 24 часов. Впервые земные сутки определялись по квазипериодическому процессу смены дня и ночи, который со времён древнеегипетской цивилизации разделялся приблизительно на 24 часа, каждый час разделялся на 60 минут, а минута – на 60 секунд.

В современной сферической астрономии для повышения точности и однозначности содержания интервала времени «земные сутки» предложены несколько различающихся критериев начала отсчёта продолжительности времени, заключающегося в составе суток.

Сутки, или суточный интервал времени в сферической астрономии связывается с такими избранными точками на небесной сфере: центр видимого диска Солнца, или центр истинного Солнца; среднее Солнце, или условная точка, которая может быть количественно вычислена для любого момента времени; точка весеннего равноденствия в период вращения Земли вокруг своей оси относительно звёзд.

Звёздные земные сутки, истинные солнечные земные сутки, средние солнечные земные сутки – это основные классы земных суток как единицы измерения непродолжительных промежутков времени, принятой в сферической астрономии.

Истинные солнечные земные сутки

По критерию точки отсчёта на небеной сфере, названной «центр видимого диска Солнца», или «центр истинного Солнца» обоснован астрономический, сферический астрономический вариант «земные сутки» с названием «истинные солнечные сутки», или «истинные солнечные земные сутки».

Истинные солнечные земные сутки – это промежуток времени между двумя последовательными однородными, или одноимёнными кульминациями центра солнечного диска, или истинного Солнца на данном географическом меридиа-не. Иные определения истинных солнечных земных суток: период вращения планеты Земля вокруг условной точки истинного Солнца; промежуток времени между двумя последовательными нижними кульминациями Солнца.

Началом явления «истинные солнечные земные сутки» принят момент нижней кульминации центра диска Солнца, что равнозначно полночи, или истинной полночи. В момент верхней кульминации Солнца, или в истинный полдень часовой угол Солнца доступен непосредственному измерению, если Солнце не закрыто облаками, и составляет нулевое численное значение.

По причинам неравномерности движения Земли вокруг Солнца по эллиптической орбите, а также по причинам изменений наклона оси суточного вращения Земли к плоскости эклиптики, истинные солнечные сутки имеют неодинаковую продолжительность в разные дни года. В том числе, разность продолжительности истинных солнечных земных суток 23 декабря и 16 сентября составляет 51 секунду. Продолжительность истинных солнечных земных суток в течение года меняется от 24 ч 03 мин 36 секунд до 24 ч 04 мин 27 секунд звёздного времени.

Применение истинных солнечных земных суток в астрономии: для вычисления моментов восхода и захода Солнца; основа для создания системы счёта времени, в которой продолжительность суток неизменна; для проверки величины часа, если нет иных методов её определения. Долями, или единицами истинных солнечных земных суток являются истинные солнечные часы, истинные солнечные минуты и истинные солнечные секунды.

Время, измеренное от нижней кульминации центра диска Солнца до какого-либо иного его положения и выраженное в долях истинных солнечных земных суток, называется истинное солнечное время.

Истинное солнечное время на данном географическом меридиане численно равно сумме часового угла t Солнца, выраженному в часовой мере, и числа 12. В момент верхней кульминации Солнца, или в истинный полдень часовой угол t Солнца доступен непосредственному измерению, если Солнце не закрыто облаками, составляет нулевое численное значение, и в полдень, или в момент верхней кульминации Солнца, всегда равно 12 часам. На конкретном географическом меридиане истинное солнечное время постоянно равно величине часового угла Солнца, выраженному в часах с прибавлением величины 12 часов.

Средние солнечные земные сутки

По критерию согласования существования двух идеализированных фиктивных точек отсчёта на небесной сфере, названных «точка среднего экваториального солнца», или «среднее экваториальное солнце», а также «точка среднего эклиптического солнца», или «среднее эклиптическое солнце», обоснован астрономический, сферически-астрономический вариант земных суток с названием «средние солнечные земные сутки».

Средние солнечные земные сутки, или средние сутки – это промежуток времени между двумя последовательными однородными одноимёнными кульминациями среднего экваториального солнца на данном географическом меридиане. Иное определение средних суток – средняя продолжительность истинных солнечных суток за год, количественно равная 24 ч 03 мин 56,5 сек звёздного времени. Долями средних солнечных земных суток являются средние солнечные часы, средние солнечные минуты и средние солнечные секунды.

Началом средних солнечных земных суток на определённом географическом меридиане принят момент нижней кульминации среднего экваториального солнца. Момент нижней кульминации среднего экваториального солнца называется средней полночью.

Время, измеренное от нижней кульминации среднего экваториального солнца до каждого иного его положения и выраженное в долях средних солнечных земных суток, называется среднее солнечное время», или «просто среднее время», или среднее время T_m. Среднее солнечное время не отмечается на небе, не имеет собственного часового угла, вычисляется специалистами по определённому из астрономических наблюдений истинному солнечному времени или по величинам звёздного времени.

Применение среднего солнечного времени: использование в повседневной жизни людей; система измерения продолжительности времени в бытовых часах.

Среднее время T_m и истинное солнечное время связаны соотношением разности для одного и того же момента времени. Данное соотношение называется уравнением времени η («эта»). По уравнению времени «эта» величина среднего солнечного времени в любой момент равна величине истинного солнечного времени плюс величина уравнения времени.

Уравнение времени вычисляется для любого момента интервала продолжительности времени, вычисления публикуются в астрономических календарях и ежегодниках для каждой средней полуночи на географическом меридиане Гринвича.

Звёздные земные сутки

По критерию точки отсчёта на небесной сфере, названной «точка весеннего равноденствия», обоснован астрономический, сферически-астрономический вариант суток с названием «звёздные сутки», или «звёздные земные сутки».

Звёздные земные сутки – промежуток времени между двумя последовательными одноимёнными кульминациями точки весеннего равноденствия на данном географическом меридиане; или – полный оборот вокруг Земли точки весеннего равноденствия, количественно определённый как 23 ч 56 мин 40905 сек среднего солнечного времени.

Число звёздных земных суток в году на одни сутки превосходит количество средних солнечных суток. Долями, единицами звёздных земных суток являются звёздные часы, звёздные минуты, звёздные секунды.

Началом звёздных земных суток на определённом географическом меридиане принят момент верхней кульминации точки весеннего равноденствия. Точка весеннего равноденствия – положение Земли на гелиоцентрической орбите, при котором (положении) продолжительность светлой части земных суток, или дня с величиной 12 часов равна продолжительности тёмной части земных суток, или ночи с величиной 12 часов. День весеннего равноденствия определён 21 марта текущего года.

Точка весеннего равноденствия на небе ничем не отмечена, её часовой угол невозможно непосредственно измерить, момент её прохождения через небесный меридиан также непосредственно не наблюдается. По этим причинам звёздные земные сутки и звёздное время можно установить по формуле, имея знание прямого восхождения α определённого светила, а также получив информацию об измерении часового угла t этого светила. Знание показателей величин прямого восхождения и часового угла суммируются, и в результате устанавливается численное значение звёздных земных суток и звёздного времени.

Время, измеренное от верхней кульминации точки весеннего равноденствия до каждого иного её положения и выраженное в долях звёздных земных суток, называется звёздное время; или – звёздное время – есть часовой угол точки весеннего равноденствия.

В момент верхней кульминации звёздное время равно нулю, а в любой из последующих моментов звёздное время равно часовому углу точки весеннего равноденствия в этот момент. Звёздное время постоянно численно равно углу точки весеннего равноденствия, выраженному в часах. Звёздное время равновелико прямому восхождению небесному светилу и его часового угла. На начало каждых суток Звёздное время вычисляется по формуле и даётся во всех астрономических календарях.

По причине постоянства Звёздное время широко применяется для решения многих астрономических задач. Для решения повседневных жизненных проблем звёздное время не применяется по следующим причинам: повседневная жизнь человека связана с видимым положением Солнца над видимым горизонтом, восходом, заходом и кульминациями Солнца; точка весеннего равноденствия непосредственно не связана с жизненной повседневностью; точка весеннего равноденствия представляет изменяющееся природное явление, которое в разные периоды звёздных суток происходит в разное время и сдвигается от среднего солнечного времени на около 4 минуты, потому что постоянно меняется в течение года взаимное расположение Солнца и точки весеннего равноденствия.

Между звёздным временем и средним солнечным временем установлено соотношение: 1 единица звёздного времени, в том числе, звёздные сутки, звёздный час, звёздная минута, звёздная секунда – равны 0,9972696 частей соответствующих единиц среднго солнечного времени – средние солнечные сутки, средний солнечный час, средняя солнечная минута, средняя солнечная секунда.

Единицами частей (долей) суток, по которым производится определение количества традиционного астрономического времени, являются час, минута, секунда.

Час – производная единица времени, равная 1/24 части суток, или 60 мин, или 3600 с. Один час среднего солнечного времени равен 1,02273 часа звёздного времени.

Минута (мин) – внесистемная единица времени, определяемая равной 60 секундам, одной шестидесятой частью часа (1/60 ч), одной тысяча четыреста сороковой частью суток (1/1440 суток).

Секунда (с) – основная системная физическая единица времени, утвержденная в Международной системе СИ. Для исследований в теоретической астрономии с 1956 г. применяют эфемеридную секунду, равную 1/31 556 925,9747 части тропического года.

Эталоном в исследованиях изменений объектов макромира и микроми-ра признана атомная секунда. Атомная секунда равна продолжительности 9192 631 770 периодам колебаний электромагнитной волны, излучаемой атомом цезия-133 (^{133}Cs). Или: атомная секунда равна продолжительности 9192 631 770 колебаниям излучения квантового перехода между уровнями сверхтонкой структуры атома цезия-133 (^{133}Cs). Или: атомная секунда равна продолжительности 9192 631 770 периодов колебаний электромаг-нитной волны, излучаемой атомом нуклида цезия-133 (^{133}Cs), находящим-ся в основном энергетическом состоянии.

Этот атомный эталон секунды утверждён с 1967 г., введён в действие с 1 января 1972 г. До 1964 г. международно признанная единица времени определялась по математическим расчётам суточного вращения Земли и составляла 1/86 400 долю периода вращения Земли.

Концепции суточного времени

Системы счёта времени в сферической астрономии по критерию суточного интервала времени, связанного с обеспечением повседневных жизненных и общественных потребностей человека представлены несколькими вариантами (концепциями). Основные концепции суточного времени: местное время, или местное суточное время; всемирное время, или всемирное суточное время; поясное время, или поясное суточное время; летнее время, или летнее суточное время; декретное время, или декретное суточное время.

Местное суточное время, или **астрономическое суточное местное время,** или **местное суточное время данного географического меридиана** – время, измеренное на данном географическом меридиане; или одинаковая последовательность изменений объектов на данном географическом меридиане в течение суток. Для всех мест, или пространственных расположений объектов на конкретном географическом меридиане часовой угол точки весеннего равноденствия, или среднего солнца, или истинного Солнца в одинаковый момент времени имеет одинаковое численное значение.

Местное время данного географического меридиана измеряется непосредственно по результатам астрономических наблюдений и принятой системы суток: система звёздных суток, система истинно солнечных суток, система средних солнечных суток. Система средних солнечных суток признана оптимальной для определения количества местного суточного времени.

Местное суточное время, определяемое по системе средних солнечных суток обозначается символом T_m. Систем счёта местного времени может быть значительное количество в зависимости от значения географических меридианов, избранной системы единиц суток.

Всемирное время, или **всемирное суточное время** – местное среднее солнечное время нулевого географического меридиана, на котором находится Гринвичская обсерватория в Великобритании; или – неравномерно протекающая последовательность изменений объектов, определяемая вращением планеты Земля относительно Солнца и равная среднему солнечному времени начального меридиана Земли, проходящему по обсерватории Гринвича в Великобритании.

Всемирное суточное время обозначается символом T_0. В астрономических календарях моменты количества изменений объектов указываются по всемирному времени. Моменты временных явлений всемирного времени и местного суточного времени определяются по формуле.

Местное среднее время всякого объекта на Земле представляет собой состояние последовательности изменений, определяемое суммой всемирного времени в данный момент с величиной географической долготы данного объекта, выраженной в положительной часовой мере к востоку от Гринвичской обсерватории.

Поясное время, или **поясное суточное время,** или **поясная система счёта среднего солнечного времени** – последовательность изменений объектов, единая для объектов данного часового пояса, определённого по международному соглашению о распределении поверхности Земли на 23 часовых пояса; или – местное среднее солнечное время основного меридиана определенного часового пояса.

Поясная система счёта среднего времени создана специалистами в 1884 г. По данному соглашению счёт времени ведется на 24 основных географических меридианах, которые расположены по географической долготе точно через 15°, или 1^h.

Часовыми поясами называются участки поверхности Земли, разделённых условными линиями, которые проходят от Северного полюса Земли до её Южного полюса и расположены примерно на 7,5° от основных географических меридианов. Линии часовых поясов являются их границами и точно соответствуют географическим меридианам только в открытых морях и океанах, ненаселенных местностях. В других местностях границы часовых поясов устанавливаются с учётом факторов государственных границ, административно-хозяйственных потребностей, географических особенностей региона проживания населения.

Часовые пояса занумерованы от 0 по 23. В качестве основного географического меридиана нулевого часового пояса принят гринвичский меридиан. Основной географический меридиан первого часового пояса находится на 15° к востоку от гринвичского меридиана нулевого часового пояса. Основной меридиан второго часового пояса находится на 30° к востоку от гринвичского меридиана, а 23-й часовой пояс имеет показатель своего основного меридиана в 345° восточной долготы от Гринвича, или 15°западной долготы.

Местное среднее солнечное время основного меридиана определённого часового пояса называется **поясное время T_n,** или поясным временем объектов данного участка территории Земли.

Разность поясных временных интервалов двух объектов равна целому числу часов величины разности номеров часовых поясов нахождения объектов.

В каждом из государств поясное время вводится и корректируется с учётом в основном экономических потребностей. В СССР поясное время установлено с 1 июля 1919 г., изменение часовых поясов производилось в

1980 г. Все изменения поясной системы счёта времени сохранились в современной России.

Летнее время, или **летнее суточное время** – порядок исчисления времени на территориях государств, признающих поясное время, стремящихся к рациональному распределению электроэнергии и полному использованию дневного света в летние месяцы. Летнее время устанавливается распоряжением правительства на период лета, или на время года. Перевод на летнее время представляет собой перевод стрелок часов, измеряющих поясное время, на 1 час или полчаса вперед. Обычно эта процедура происходит в последнее воскресенье марта; осенью в последнее воскресенье октября часовая стрелка переводится назад. Впервые система летнего времени примененена во Франции в 1916 г.

В современной России до 2012 г. действовало правило перевода на летнее время, принятое Постановлением Совета Министров СССР 24 октября 1980 г. По этому правилу с 1981 г. ежегодно до отмены часовая стрелка переводилась на 1 час вперед в ночь с последней субботы на воскресенье марта, а в ночь последней субботы на воскресне сентября часовая стрелка возвращалась к обычному декретному времени.

Декретное время, или **декретное суточное время** – порядок счёта последовательности изменений объектов на территории СССР и современной России, установленный распоряжением (декретом) правительства СССР 16 июня 1930 г., продлённый новым декретом от 9 февраля 1931 г., действующий до 2012 г. в современной России.

По декретному времени указатели числовых значений всех часов во всех часовых поясах на территории СССР переводятся на один час вперед относительно существующего международного поясного времени. Экономическая целесообразность декретного времени для российской экономики высока, если учитывать пространственное размещение производственных ресурсов государства и необходимость его эффективного использования.

В период действия летнего времени население России живёт в режиме двухчасового не соответствия с общепринятым человечеством поясным временем. В обыденной жизни декретное, или поясное, или летнее суточное времена называются понятием «местное время», не учитывая состояние астрономического местного суточного времени.

Концепции измерения месячного интервала времени

Месячный интервал времени обоснован специалистами сферической астрономии по критерию изменения фаз Луны. Луна является естественным сателлитом (спутником) Земли с размерами 0,2775 радиуса планеты Земля. Испытывая гравитационное влияние Земли и Солнца, Луна изменяет величины кривизны своей гелиоцентрической орбиты.

Фазами Луны называются изменения внешнего вида Луны во время её, видимого с Земли, движения среди звёзд прямым направлением с запада на восток, или на фоне звёзд зодиакальных созвездий.

4 фазы Луны, которые постепенно и последовательно переходят от новолуния к первой четверти, к полнолунию и к последней четверти. С последней четверти начинается новолуние и продолжаются повторения цикличности фаз Луны. Фазы Луны зависят от угла её освещённости Солнцем и составляют по продолжительности каждой из них в среднем 7 суток. Количественные величины лунных суток переводятся в количество обычных для средних солнечных суток

Исследовано несколько классов месяца, или месячного интервала времени: аномалистический месяц; драконический месяц; сидерический месяц; синодический месяц; тропический месяц.

Аномалистический месяц – промежуток времени между двумя последовательными прохождениями Луны своего перигея. Перигей Луны, или перигейное расстояние Луны – точки лунной орбиты, в которой Луна находится на самом близком расстоянии к Земле, составляющем в среднем 363 296 км. Для сравнения: средний радиус лунной орбиты при условии его идеального круга составляет 384 440 км расстояния от Земли.

В 2052 г. ожидается максимально близкое сближение Луны с Землёй, когда перигей Луны будет равен 356 421 км. Аномалистический месяц количественно равен 27,55 средних солнечных земных суток.

Драконический месяц – промежуток времени между двумя последовательными прохождения Луны через один и тот же узел своей орбиты. Узлы лунной орбиты представляют собой две точки пересечения лунной орбиты с плоскостью эклиптики, или с большим кругом небесной сферы, по которому перемещается Солнце среди звёзд с запада на восток. Драконический месяц количественно равен 27,21 средних солнечных земных суток.

Сидерический месяц, или звёздный месяц – промежуток времени одного полного оборота Луны вокруг Земли. Сидерический месяц количественно равен 27,3216 средних солнечных земных суток.

Синодический месяц, или лунный месяц – промежуток времени между двумя последовательными одноимёнными фазами Луны, том числе между полнолуниями. Синодический месяц количественно равен 29,53 средних солнечных земных суток. 12 синодических месяцев составляют 354, 36706 средних солнечных земных суток.

Тропический месяц – промежуток времени, в течение которого долгота Луны увеличивается на 360^0. Тропический месяц количественно равен 29,53 средних солнечных земных суток.

Наблюдая продолжительность фаз Луны в течение промежутка времени в среднем из 7-ми солнечных суток, астрономы Древнего Вавилона обосновали семидневный счёт недели при составлении вариантов общественно-исторического счёта времени.

Концепции измерения годового интервала времени

Для измерения значительных интервалов времени методами сферической астрономиии в качестве естественной астрономической единицы измерений принята величина с названием «тропический год».

Тропический год – продолжительность интервала времени, или промежуток времени между двумя одинаковыми пересечениями Солнцем небесного экватора при его (Солнца) движении по эклиптике. Иное определение тропического года: – промежуток времени между двумя последовательными прохождениями центра истинного Солнца через среднюю точку весеннего равноденствия. Количественно тропический год выражен как 365,2422 средних солнечных суток, или 31556925,9747 с.

В абстрактном идеализированном обобщении **год** – несистемная естественная единица измерения астрономического времени, соответствующая полному периоду обращения определённого тела космоса вокруг своего центра масс.

По абстрактному критерию выделяются следующие классы года: полный оборот, или одно обращение, планеты Земля вокруг Солнца – **земной год**; 12 последовательных повторений одноимённых фаз Луны – **лунный год**; промежуток времени полного оборота всякого из тел Солнечной системы вокруг своего центрального тела, или полный оборот тела вокруг Солнца или иной звезды – **сидерический год**; период обращения Солнца вокруг центра галактики Млечный путь, условно вычисленный различными методами величиной 223-230 млн. лет – **галактический год**.

По критерию особенностей периода обращения Земли вокруг Солнца и иных небесных объектов в сферической астрономии различаются классы (виды) года: аномалистический год; драконический год; звёздный год; тропический год.

Аномалистический год – промежуток между двумя последовательными прохождениями центра Солнца через перигей его видимой геоцентрической орбиты. Количественно аномалистический год равен 365,2596 средних солнечных суток.

Драконический год – промежуток времени между двумя последовательными прохождения Солнца через один и тот же восходящий или нисходящий узел орбиты Луны на эклиптике – большом круге небесной сферы. Количественно драконический год содержит 346,6200 средних солнечных суток.

Звёздный год – промежуток времени, соответствующий одному наблюдаемому (видимому) обороту Солнца по небесной сфере относительно условно неподвижных звёзд; или – интервал времени, необходимый для постоянного наблюдаемого возвращения Солнца в данную точку неба относительно положения иных звёзд. Количественно звёздный год равен 365,2564 средних солнечных суток, что на 20 мин им 4 сек более продолжительности тропического года.

По критерию зависимости интервалов времени на Земле от смены состояний, или фаз Луны обоснована система «лунный год». **Лунный год**, или год лунный – промежуток времени, определяемый продолжительностью 12 синодических месяцев. Количественно лунный год выражен в 354,3671 средних солнечных суток.

По критерию связи квазипериодических астрономических явлений с общественно-историческими, или социокультурными и гражданскими потребностями и фактами общественной жизни населения человечества разработана система календарный год.

Календарный год – промежуток времени от 354 суток до 365 суток, принятый в определённой социокультурно обусловленной календарной системе счёта длительных промежутков времени, соответствующих фактам общественной жизни многих поколений этносов или поколений человечества.

Современный календарный год – система измерения общественно-исторического времени, созданная на основе арифметического округления количественной величины тропического года. Величина тропического года округляется до интервала времени, кратного целой неделимой величине количества средних солнечных суток.

Концепции счёта календарных интервалов времени

Календарём, или календарной системой счёта времени называется система равномерного счёта длительных периодов истории человечества. Календари создаются по критериям социокультурных факторов общественной жизни этносов и способам согласования с ними естественных единиц измерения времени в формах астрономических суток, месяцев и года.

Календарные системы счёта времени создаются на основе астрономических знаний для решения проблем социокультурной общественно-исторической жизни государств и народов. Календарные сутки в календарных системах счёта времени называются также день. Для сравнения – астрономический день – есть светлая часть суток от восхода до заката верхнего края Солнца.

Классы (группы) календарных систем, или календарей по критерию зависимости взаимодействия этносов с объектами природы в условиях естественного квазипериодического природного фактора: солнечная календарная система; лунная календарная система; лунно-солнечная календарная система.

Солнечная система календаря – система счёта интервала времени природных и общественно-исторических процессов в соответствии с параметрами периодов обращения планеты Земля вокруг Солнца. В основном солнечная календарная система соответствует параметрами тропического года по количеству средних солнечных суток, число которых признаётся равным целым числа в 365 суток или 366 суток.

Социокультурно обусловленные концепции (варианты) солнечной календарной системы: древнеегипетский календарь, юлианский календарь, григорианский календарь, республиканский календарь Французской революции и иные календарные системы.

Лунная система календаря, или лунная календарная система, или лунный календарь – система счёта интервала времени природных и общественно-исторических процессов в соответствии с параметрами периодов смены фаз Луны, наблюдаемых с Земли. Фаза изменений Луны по современным вычислениям составляет около 29 суток 12 ч 44 мин 3 с. Первичные календарные системы древних народов были лунными, так как изменения фаз Луны характеризуются относительно непродолжительным изменениям в сравнении с изменениями годичного движения Солнца.

Особенности лунной календарной системы: содержит 12 лунных месяцев, или 354-355 средних солнечных суток; первые сутки каждого месяца начинаются (соответствуют) первому после полнолуния появлению на небе тонкого серпа Луны; каждый лунный месяц содержит попеременно 30 и 29 суток; в определённые годы к последнему лунному месяцу добавляются дополнительные сутки, характеризуя такие годы високосными.

Система лунного календаря была распространена в культурах народов Древней Месопотамии, Ближнего Востока, Древнего Рима до юлианской реформы календаря в 1 в. до н. э.; сохраняется в исламской культуре этносов Ближнего и Среднего Востока.

Лунно-солнечная система календаря, или лунно-солнечная календарная система – система счёта интервала времени природных и общественно-исторических событий в соответствии с величинами счёта лет по параметрам тропического года и счёта месяцев по изменениям фаз Луны.

Количественные показатели лунно-солнечной календарной системы вычисляются по правилам: 19 солнечных тропических лет равны 235 лунным месяцам; 12 тропических лет содержит 12 лунных месяцев; 7 тропических лет рассчитываются по 13 лунных месяцам и называются високосными; по численности простые годы имеют 353, 354, 355 средних солнечных суток; високосные годы состоят из 383, 384, 385 средних солнечных суток.

Лунно-солнечная календарная система применялась и применяется в культурах Вавилона, Иудеи, Древнего Рима, государства Израиль, христианского церковного календаря.

Основные общественно-исторические календарные системы

По критерию специфики культуры этносов, учитываемых при составлении конкретных этнических календарных систем, создано до 200 социокультурных календарных концепций времени, или общественно-исторических календарных систем. Основными социокультурными причинами разработки множества общественно-исторических календарных систем являлись политические и конфессиональные факторы общественной жизни государств и этносов.

Наиболее известные социокультурные календарные системы, или общественно-исторические календарные системы (календари), или системы летоисчисления следующие: древнеегипетская; древнеримская; древнегреческая; еврейская; византийская; мусульманская; юлианская; григорианская; хронологический, или исторический счёт времени; скалигеровская; республиканская календарная система периода Великой французской революции 1789-1793 гг.

Для общественно-исторических календарных систем характерны связи с историческими событиями культуры государства и этноса. Эти события общественной жизни переносятся, объективируются на условную систему счёта времени, которую специалисты астрономы различными, в том числе и неадекватными методами пытаются установить в протекании естественных квазипериодических процессах смены дня и ночи, фаз Луны, сезонных явлений смены времён года, появлений комет и иных явлений.

Выбор начала счёта годов, или установление эры в общественно-исторических календарных системах всегда связан с общественно важными явлениями, среди которых: конфессиальные соглашения – день рождения Христа, Всемирный Потоп, Сотворение мира; легенды этноса, например, день основания Рима; исторические события, например, олимпиады, начало царствований монархов, дни восстаний и др.

Древнеегипетская общественно-историческая календарная система: принадлежность к солнечной календарной системе; определение продолжительности года в 360 и в 365 дней; зависимость начала отсчёта времени от наступления трех явлений природы – солнцестояние, первое в году появление утром звезды Сириуса, начало разлива реки Нил.

Древнегреческая общественно-историческая календарная система: время начала счета последовательности событий от Первых Олимпийских игр 1 июля 776 г. до новой эры; учёт «метонова цикла» – периодичность в 19 лет, рассчитанную древнегреческим математиком Метоном в 433 г. до новой эры.

Древнеримская общественно-историческая календарная система: принадлежность к лунной календарной системе; принцип счёта времени назад от начала месяца; установление счёта годов со времени основания г. Рима 21 апреля 753 г. до новой эры; добавление дополнительного месяца мерцедония, который рассчитывали произвольно понтифики – религиозные специалисты по счёту времени.

Еврейская общественно-историческая календарная система: развивалась от лунной календарной системы к лунно-солнечной; сложные расчёты содержания календарного года; установление начала счёта времени с момента мифического сотворения мира 7 октября 3761 г. до новой эры.

Византийская, или православная с 1054 года общественно-историческая календарная система: счёт времени – с момента мифического сотворения мира 1 ноября 5508 г. до новой эры; содержит основные характеристики юлианского календаря; началом нового текущего года признавались разные даты – 1 марта, 1 сентября.

Мусульманская общественно-историческая календарная система: вариант лунной системы календарей; содержит в году 12 лунных месяцев, соответствующих 354-355 средним солнечным суткам; начало счёта годов от хиджра – переселения пророка Мухаммеда из Мекки в Ясриб-Медину 16 июля 622 г.

Юлианский календарь, или юлианская общественно-историческая календарная система – система счёта интервала времени природных и общественно-исторических процессов, созданная астрономом из г. Александрия государства Эллинистический Египет **Созигеном** по инициативе диктатора Римской Республики Юлия Цезаря. Юлианский календарь утверждён Цезарем в 46 г. до н. э. в качестве государственной системы счёта времени на территории Римской Республики и в последующем – на территории Римской империи. Юлианский календарь использовался всеми европейскими государствами до 1582 г. в качестве единого цивилизационного христианского счёта времени.

Особенности созигеновской концепции счёта времени: установление трёх простых лет по 365 солнечных суток; определение високосного года в количестве 366 солнечных суток; утверждение количества суток в феврале простого года числом 28 и числом 29 количества суток в високосном году; оценка года високосным при условии деления его номера на 4 без остатка; установление 1 января началом нового года; начало летоисчисления определялось со времени основания города Рима – 26 апреля 753 г. до новой эры.

Для юлианского календаря характерно превышение его продолжительности над тропическим годом в 0,0078 суток, или на трое суток за 400 лет. Юлианский календарь называют также календарём старого стиля.

Григорианская общественно-историческая календарная система, или григорианский календарь – система счёта интервала времени природных и общественно-исторических процессов, утверждённая 15.10.1582 г постановлением, или буллой Папы Римского Григория XIII. Григорианский календарь создал математик и врач из Италии Луиджи Лилио Гаралли (Алоизий Лилий, 1520-1576). Аналогичную систему календаря предложил в 1560 г. астроном из г. Верона в Италии Петрус Питат. Впервые календарная система Л. Лилио была опубликована в 1576 г. после его смерти.

Григорианская общественно-историческая календарная система является концепцией (системой) счёта времени, созданной на основе параметров тропического года, уточнённых и упрощённых в соответствии с общественно-историческими потребностями христианской католической культуры. В настоящее время фактор потребностей католической культуры не является системообразующим в использовании григорианским календарём большинством государств человечества.

Высший руководитель, или верховный глава католицизма (католичества) Папа Римский Григорий XIII своим решением создал комиссию по реформе юлианского календаря, чтобы преодолеть несоответствие в 10 суток между счётом времени по правилам юлианского календаря и счётом времени по характе-ристикам (параметрам) тропического года.

Накопление десятисуточного расхождения в вычислениях времени привело к противоречию с догматом христианства о проведении праздника Пасхи в первое полнолуние после дня весеннего равноденствия при условии несовпадения христианской пасхи от времени наступления еврейской пасхи. Именно проблема точного определения христианского праздника Пасхи была основной в принятии григорианского календаря.

Григорианская общественно-историческая календарная система устранила расхождение в 10 суток между показателями юлианского календаря и счётом времени по параметрам тропического года, которые накопились с 325 г. По булле Папы после 4 октября 1582 г. следующий день получил название 15 октября 1582 г.; последующие дни, месяцы и календарные годы назывались в традиционном варианте названий юлианского календаря.

Григорианский календарь был отвергнут последователями православия и протестантизма. Постепенно правительства государств Западной Европы признали григорианский календарь, например, в Великобритании он был принят в 1752 г.

В России григорианский календарь был принят 24 января 1918 г. на уровне решения высшего органа правительства, который назывался «Совет Народных Комиссаров Российской Советской Социалистической Республики». Название документа – «Декрет о введении в Российской республике западноевропейского календаря». По этому решению первый день после 31 января 1918 г. начали считать четырнадцатым февраля 1918 г. Григорианский календарь сохраняется в современной России.

К настоящему времени за 400 лет после начала функционирования григорианской календарной системы с 1582 г. несоответствие его вычислений счёту времени по параметрам тропического года составляет 74 часа 53 мин, или в среднем 13 суток. После 28 февраля 2010 года указанное различие составило 14 суток. Григорианская общественно-историческая календарная система называются «новый стиль» в отличие от юлианского календаря, который характеризуют «старым стилем» счёта общественно-исторического времени, или летоисчисления.

В григорианской общественно-исторической календарной системе утвердилась принятая ранее норма начала счёта времени, или эра, названная понятиями: **«новая эра», «наша эра», «от рождества Христова»**.

Идею начала счёта времени в христианской культуре, учитывая условное рождение Богочеловека Иисуса Христа, обосновал монах из г. Рима Дионисий Малый в 525-533 гг. По его расчётам Иисус родился 1 января

753 г. по древнеримской календарной системе, началом счёта в которой была величина от «основания Рима».

Счёт времени в христианстве с 1 января 753 г. по древнеримской календарной системе Дионисий предложил изменить и назвать начальную дату счёта времени «первое января первого года от рождения Христа». Последующие годы необходимо считать по правилу, выраженному латинскими символом **AD,** или **«от Господа»**. В 18 в. специалисты христианства предложили считать годы до первого января первого года от рождения Христа по правилу счёта лет «до рождества Христова», или по латински – **a. D.,** или **«до Господа»**.

Вычисления Дионисия Малого не сохранились в форме текста, его идея о начале счёта времени в христианстве по критерию «от рождества Христова» уточнялась специалистами христианства. Чтобы не усложнять принятый болшинством западноевропейских государств счёт времени по эре рождества Христова, используются конфессиально нейтральные термины: «до новой эры», или до н. э.; «новая эра».

Начало счёта лет новой эры в христианской культуре определяется как условная цифра 1.1.1. н. э., то есть «первое января первого года новой эры» – это событие рождения Богочеловека Христа. Все события в обществе до этой даты относятся к состоянию «до новой эры». Началом любого столетия новой эры является 1 января первого года данного столетия, Например, началом 20 в. является 1 января 1901 г., началом 21 в. – 1 января 2001 г.

Концепции профессиональных систем счёта года

Профессиональные системы счёта длительных годовых интервалов времени в сферической астрономии – системы измерения длительных годовых периодов времени, связанных с событиями истории человечества. Данное множество счёта времени имеет несколько вариантов: система хронологического, или исторического счёта времени; астрономическая система счёта времени; система юлианских дней.

Хронологический, или **исторический счёт времени,** или **исторический счёт лет** – система счёта времени процессов в истории человечества, происходивших до эры рождества Христова, или до новой эры. Хронологический счёт времени создан учёными для специалистов в области исторических наук в пределах параметров григорианской системы календаря. Впервые идею и способ счёта времени, обратного относительно эре рождества Христова, обосновал учёный из Франции Д. Петавий (Пето) в 1627 г.

Правила (условия) счёта лет, бывших до эры рождества Христова: отсутствие нулевого года в качестве интервала перехода времени до рождества Христова и от рождества Христова; границей между 31 декабря 1 года до новой эры является мгновение, разделяющее эту численную величину от 1 января 1 года новой эры; число измеряемых лет до новой эры возрастает по мере удаления их счёта в прошлое; дни недели, последовательность месяцев и их числа употребляются так, как они употребляются при счёте лет в новой эре; високосными называются те годы до новой эры, номера которых делятся на число четыре (4) с остатком единицы (1).

Астрономическая система счёта времени – созданный в 1740 г. астрономом из Франции Ж. Кассини вариант счёта длительных годовых промежутков времени. Правила астрономической системы счёта времени: предшествующий год первому году новой эры называется «нулевой год»; год, предшествующий нулевому году, называется «минус первый год»; год, следующий после нулевого года, имеет положительный знак и называется «плюс первый год»; годы, следующие от «минус первого года» называются «отрицательные годы», следующие от «плюс первого года» – «положительные годы»; правило «Кассини»: для определения отрезка времени между двумя событиями, разделёнными эпохой нашей эры, число года до новой эры при вычитании следует уменьшать на единицу; в положительных и отрицательных годах месяцы и сутки считаются вперёд.

Система юлианских дней, или скалигеровский календарь – вариант научного унифицированного летоисчисления, или непрерывного счёта дней, начиная с 1 января 4713 г. до н.э. Скалигеровский календарь обосновал гуманист Франции Скалигер Жозеф Жюст (1540-1609) в 1583 г., учитывая период времени в 7980 лет. Ж. Скалигер рассчитал период в 7980 лет как произведение трёх меньших периодов, которые использовались для расчётов различных видов календарей.

Эти периоды: индиктион – период в 15 лет, использовавшийся в римской налоговой системе; метонов цикл – период в 19 лет, содержащий 234 лунных месяцев, 6940 дней; период в 28 дней, через который повторяется распределение дней семидневной недели по дням года. Французский гуманист вычислил также, что первые номера всех трёх меньших циклов имеют общим началом 1 января 4713 г. до новой эры.

Именно с этой даты можно достаточно точно и независимо от всякого рода ценностных предпочтений просчитать количество суток между двумя заданными датами в астрономии, а также вести универсальный для человечества счёт суток и лет. Ж. Скалигер назвал свой вариант календаря «юлианским» в честь своего знаменитого отца Скалигера Юлия Цезаря,

Настоящее имя отца Ж. Скалигера - Джулио Бордони (1484-1558) он известен как поэт и филолог эпохи Возрождения.

Сутки в скалигеровском календаре отсчитываются от среднего гринвичского полудня, следующего за средней гринвичской полуночью. Начало искомой исторической календарной даты связывается с гринвичской полуночью. Юлианские дни в скалигеровском календаре получают обозначение символами из букв: Ю.Д., или JD. Система юлианских дней применяется в современной астрономии для непрерывного счета астрономического времени с 1 января 4713 г. до н. э по юлианскому календарю, или с 4712 года по астрономическому счёту лет, содержащему нулевой год.

Юлианская дата 2454101,5 JD соответствует началу суток 1 января 2007 г. по принятому человечеством григорианскому календарю. С системой юлианских дней, или JD, связано понятие «**эпоха**» – интервал последовательности астрономических процессов, согласованный профессионалами в астрономии для указания значений разных переменных величин с целью их сравнения.

В настоящее время используется система **стандартной эпохи J2000**, которая началась в полдень 1 января 2000 г. и составляет величину JD 2451545.0 юлианской стандартной эпохи, которая равна 1,5 января 2000 г. по григорианскому календарю. Стандартные юлианские эпохи следуют через полное юлианское столетие, которое составляет 36525 суток по григорианскому календарю.

До эпохи J2000 была эпоха J1900 с величиной JD 22415020.0. Числовые величины эпох и юлианских дат устанавливаются специалистами астрономии для решения специфических задач.

Юлианский день – предложенный астрономом из Великобритании Дж. Гершелем в 1849 г. способ измерения времени в астрономических исследованиях. Юлианский день начинается с 1 января 4713 г. до новой эры и длится по юлианскому календарю 7980 лет. По вычислениям Иосифа Скалигера, обоснованным в 1583 г., с 4713 г. продолжается юлианский цикл.

По вычислениям Дж. Гершеля, юлианский день начинается в полдень на меридиане, проходящем через г. Александрия в Египте. После соглашения в 1884 г. о признании международного нулевого меридиана на месте Гринвичской обсерватории, юлианский день начинается с меридиана в данном месте.

Концепции единого календаря человечества

Системы счёта длительных интервалов времени в социокультурных общественно-исторических календарных системах в некоторой степени создают трудности и противоречия в межкультурных взаимодействиях государств и этносов человечества. Астрономы и специалисты в иных областях естественных наук 19-20 вв. создавали варианты общечеловеческой системы счёта времени.

В 1923 г. по решению Лиги Наций был создан Международный комитет для подготовки Мирового неизменного календаря. Было обсуждено несколько сотен проектов, но не было принято окончательное решение. В 1954 г. на 18 сессии Экономического и Социального совета ООН был принят проект Всемирного календаря и рекомендован для утверждения на Генеральной Ассамблее ООН. До настоящего времени по разным социо-культурным причинам проект Всемирного календаря не принят.

Концепцию «**Всемирный календарь**» обосновал астроном из Франции Г. Армелин в 1888 г. Основное содержание системы «Всемирный календарь»: календарный год состоит из 12 месяцев, делится на 4 квартала по 91 дню, или календарных суток, в каждом;

первый месяц каждого из 4 кварталов имеет 31 день, остальные два месяца каждого квартала имеют по 30 дней каждый;

первое число года и квартала приходится на воскресенье; каждый квартал заканчивается субботой и имеет 13 недель; в каждом месяце имеется 26 рабочих дней;

сохраняются названия принятых человечеством 12 месяцев; сохраняются традиционные названия семи дней недели; началом недели является воскресенье;

после 30 декабря в простом году один день вводится, или вставляется вне имеющегося счёта дней и недель, как праздничный и называется Международным праздником мира и дружбы, или Международный нерабочий день нового года;

в високосном году один день в качестве праздничного вводится, или вставляется, независимо от имеющегося счёта дней и недель, после 30 июня;

общее количество дней года с учётом простого и високосного годов составляет 365 дней и 366 дней.

При календарном счёте времени очень важно принять единое для человечества решение о начале новых календарных суток, или новой даты, или числа месяца.

Линия изменения даты, линия перемены даты, или демаркационная линия перемены даты установлена по географическому меридиану, отстоящему от гринвичского меридиана на 180°, а также отступая от него к западу у островов Врангеля и Алеутских островов, а также отступая от ставосьмидесяти градусного меридиана к востоку в местностях оконечности Азии, островов – Фиджи, Самов, Тонгатабу, Кермадек, Чатам.

К западу от линии перемены дат число месяцев всегда на единицу больше, чем к востоку от линии перемены даты. При пересечении линии перемены даты с запада на восток следует уменьшить календарное число. При пересечении линии перемены даты с востока на запад следует увеличить календарное число.

ХРОНОЛОГИЯ ФАКТОВ ИСТОРИИ АСТРОНОМИИ

4236 г. до н.э. – первая в истории человечества дата, изложенная в древнеегипетском календаре – Древний Египет.

около 3000 г. до н.э. – начало регулярных наблюдений за небесными светилами – цивилизации Египта, Вавилона, Индии, Китая.

3000 г. до н.э. – первый лунный календарь – Месопотамия.

2772 г. до н.э. – календарь с системой исчисления в 365 дней – Древний Египет.

2630 г. до н.э. – гипотетическая дата составления первого китайского астрологического календаря – Древний Китай.

2608 г. до н.э. – гипотетическая дата составления первого индийского астрологического календаря – Древняя Индия.

2300 г. до н. э. – первые астрономические наблюдения комет и звёзд – Вавилон, Древний Китай.

18 в. до н. э. – унификация ниппурского лунного календаря – Вавилонское царство (Месопотамия).

17 в. до н. э. – самое древнее из известных названий созвездий, представленное в тексте молитвы к звёздным богам – Вавилонское царство (Месопотамия).

1500 г. до н. э. – завершение строительства религиозного культового каменного сооружения, которое использовалось также для счета дней и установления начала времен года, выполняло функцию каменного календаря – Стоунхендж (Великобритания).

около 1000 до н. э. – создание календаря по движению звезды Сириус – Древний Египет.

8 в. до н. э. – создание астрономической математической шкалы времени – Вавилонское царство (Месопотамия).

747 г. до н. э. – начало систематических астрономических наблюдений, или «эра Набонссара» – Вавилонское царство (Месопотамия.

721 до н. э. – первое письменное свидетельство о солнечном затмении – Вавилонское царство (Месопотамия).

7 в. до н. э. – совершенствование математических методов вычислений лунных затмений, возможности солнечных затмений, положений Солнца, Луны и планет на небе – Вавилонское царство (Месопотамия).

6 в. до н. э. – систематизация и применение математических и астрономических знаний древневосточных цивилизаций в формирующейся европейской культуре – Фалес Милетский (Древняя Греция).

5 в. до н. э. – древнейший из известных гороскопов – Вавилонское царство (Месопотамия).

5-4 вв. до н. э. – каталог 800 звёзд в книге «Синг-Чинг» – Шэнь Ш. (Китай); формулировка программы математизации астрономии «Спасение явлений» – Платон, академики платоновской Академии (все – Древняя Греция).

4 в. до н. э. – изложение в статье «О небе» аргументов для гипотезы шарообразности Земли – Аристотель (Древняя Греция).

433 г. до н. э. – создание афинского календаря, в котором учитывается периодичность «метонова цикла» – 6940 суток, или 235 лунных месяцев, или 19 тропических солнечных лет – Метон из Афин (Древняя Греция).

ок. 300 г. до н. э. – описание небесной сферы – Евклид (Древняя Греция).

352 г. до н. э. – первое письменное свидетельство о наблюдении взрыва сверхновой звезды – Древний Китай.

ок. 340 г. до н. э. – открытие прецессии равноденствий – Кинедас (Вавилонское царство, Месопотамия).

280 г. до н.э. – создание первого европейского каталога звёзд – Аристилл Алек-сандрийский, Тимохарис Александрийский (все – Древняя Греция).

260 г. до н.э. – гипотеза гелиоцентризма – Аристарх Самосский (Древняя Греция).

2 в. до н. э. – разработка метода и составление таблицы вычисления моментов затмений Солнца и Луны, открытие движения оси вращения Земли по круговому конусу – прецессии земной оси – Гиппарх (Древняя Греция); создание древнейшего из сохранившегося к настоящему времени каталога звёзд, содержащего описания положений 1022 звёзд в 48 созвёздиях – Гиппарх (Древняя Греция).

46 г. до н. э. – создание усовершенствованного солнечного календаря, назван-ного юлианским календарем, учитывая организационные решения диктатора Римской республики Юлия Цезаря по реформированию и утверждению более точной модели счёта времени – Созиген Александрийский (Римская республика).

около 150 г. – вычисления расположений планет на небосводе, названия 49 созвёздий, геоцентрическая система космоса и иные результаты, изложенные в книге «Мэгале синтаксис», или «Великое построение», или в арабском переводе – «Альмагест» – Птолемей К. (Эллинистический Египет); систематизация астрологических знаний в книге «Тетрабиблос» – Птолемей К. (Эллинистический Египет).

1054 г. – наблюдение взрыва сверхновой звезды в созвёздии Тельца – астрономы Китая.

1252 г. – опубликование в книге «Альфонсовы таблицы» уточнённых координат небесных светил и иных астрономических величин, рассчитанных Птолемеем во 2 в. – группа астрономов, организованная королем Кастилии Альфонсом 10 (Испания).

1449 г. – издание книги «Новые астрономические таблицы», или «Зидж Улугбека», содержащей каталог положений 1019 звёзд, теоретические основы астрономии, тригонометрии и математики мусульманской науки – группа ученых под руководством Улугбека Т. Т. (Самарканд).

1519 г. – открытие двух туманностей неправильных форм возле светящейся полосы Млечного Пути, названных Большое Магелланово Облако и Малое Магелланово Облако – Магеллан Ф. (Португалия).

1542 г. – изложение в книге «О вращении небесных сфер», опубликованной в 1543 г., гелиоцентрической модели движения планет по круговым орбитам – Коперник Н. (Польша).

1573 г. – сообщение о вспышке в созвёздии Кассиопеи и появлении новой звезды, названной автором «nova», или по-русски «новая», которая характеризуется в настоящее время как сверхновая звезда в созвёздии Кассиопеи, в результате астрономических наблюдений из собственной обсерватории – Браге де Тихо (Дания).

1576 г. – опубликование проекта усовершенствованного солнечного календаря, созданного Алоизием Лилием и названного григорианским календарем – Лилио Антонио (Италия).

1582.10.15. – утверждение нового стиля летоисчисления – григорианский календарь – разработчик Лилий Алоизио (Луиджи Лилио Гаралли), указ (булла) о введении новой календарной системы – Римский папа Григорий XIII (все – Италия).

1583 г. – создание унифицированной системы летоисчисления, обоснование начала новой эры летоисчисления от полудня 01 января 4713 г. до н. э. по григорианскому летоисчислению – Скалигер Ж. (Франция).

1603 г. – обоснование в книге «Уранометрия» понятия созведия, наименований созвёздий южного неба, установление правила обозначения звёзд в созвёздиях буквами греческого алфавита в порядке убывания их блеска, используемое в основном в современной астрономии – Байер И. (Германия).

1609 г. – начало первых известных науке астрономических наблюдений с помощью усовершенствованной зрительной трубы, изобретённой ремесленниками Голландии для улучшения зрения в 1608 г. – Галилей Г. (Италия); открытие спутников Юпитера, названных автором Каллисто, Европа, Ганимед, Ио – Майер, или Симон Мариус, или Мариус С. (Германия); изложение в книге «Новая астрономия» двух законов движения планет по эллиптическим орбитам, в одном из фокусов которой находится Солнце – Кеплер И. (Германия).

1610 г. – описание в книге «Звёздный вестник» астрономических наблюдений с помощью усовершенствованной зрительной трубы, названной впоследствии первым оптическим телескопом, четырех спутников Юпитера, фаз Венеры, гор на Луне и других астрономических явлений – Галилей Г. (Италия); открытие пятен на Солнце, открытых позднее независимо от автора Г. Галилеем – Шейнер К. (Германия).

1611 г. – описание в книге «Диоптрика» конструкции изобретённого автором телескопа из двух двояковыпуклых линз – Кеплер И. (Германия); открытие пятен на Солнце, описание их перемещения по диску Солнца – Фабрициус Й. (Германия).

1612 г. – открытие туманности Андромеды – Майер, или Симон Мариус (Германия).

1619 г. – формулирование в книге «Гармони Мира» третьего закона движения планет вокруг Солнца – Кеплер И. (Германия).

1627 г. – издание книги «Рудольфинские таблицы всей астрономической науки, начатые впервые Тихо Браге, продолженные и доведённые до конца Кеплером», содержащей астрономические параметры звёзд и планет, которые были рассчитаны на основе гелиоцентрической модели планетного движения – Кеплер И. (Германия); создание атласа «Христианское звёздное небо», в котором все прежние названия известных к тому времени созвёздий и планет были заменены названиями, связанны с догматикой христианства – Шиллер Ю. (Италия).

1631 г. – первое научное наблюдение прохождения Меркурия через диск Солнца – Гассенди П. (Франция).

1632 г. – постройка в г. Лейдене первой в истории человечества обсерватории современного класса – Нидерланды.

1639 г. – первое научное наблюдение прохождения Венеры через диск Солнца – Горрокс И. (Великобритания).

1647 г. – изложение в книге «Селенография, или Описание Луны» первого описания поверхности Луны, лунных карт, созданных на основе систематизации собственных телескопических наблюдений и исследований астрономов, установление названий основных образований на поверхности Луны, сохранившиеся поныне, открытие оптической либрации Луны – Гевелий Я., или Гевелиус (Польша).

1651 г. – обоснование в книге «Новый Альмагест» правила называния лунных кратеров именами великих философов и астрономов древности и Нового Времени – Риччоли Дж. Б. (Италия).

1655 г. – астрономические наблюдения телескопом собственной конструкции, открытия кольца у Сатурна, спутника Сатурна – Титана, туманности в созвездии Ориона и другие результаты, опубликованные в систематической форме в книге «Система Сатурна» в 1659 г. – Гюйгенс Х. (Нидерланды).

1664 г. – открытие вращения Юпитера, Большого красного пятна на Юпитере; определение статуса звезды Гамма Овен из созвёздия Овна в качестве двойной звезды – Гук Р. (Великобритания).

1684 г. – формулировка законов Кассини, связанных с вращением Луны; открытие двух спутников Сатурна; обнаружение неравномерности вращения полюсов и экватора Юпитера – Кассини Дж. Д. (Италия).

1705 – математический расчет появления кометы вблизи от Земли в 1758 г., названной его именем после ее наблюдения в указанный срок – Галлей (Халли) Э. (Великобритания).

1718 г. – открытие собственного движения звёзд – Галлей Э. (Великобритания).

1728 г. – открытие изменений видимого положения звёзд на небесном своде по эллиптическим траекториям в течение земного года, названное специалистами явлением аберрации света – Брэдли (Бредли, Брадлей) Дж. (Великобритания).

1744 г. – формулировка фотометрического парадокса в астрономии – Шезо Ж. (Швейцария).

1748 г. – открытие нутации, или колебания, земной оси – Брэдли (Бредли, Брадлей) Дж. (Великобритания).

1753 г. – изложение в книге «Новые таблицы Луны и Солнца» информации для определения с высокой точностью положения корабля в море и океане, учитывая значение географической долготы и показатели морского хронометра – Майер Т. И. (Германия).

1755 г. – гипотеза происхождения Солнечной системы из газопылевой туманности, изложенная в монографии «Всеобщая естественная история и теория неба» – Кант И. (Германия).

1757 г. – вычисления масс Венеры и Луны – Клеро А. (Франция).

1761 г. – наблюдения за прохождением Венеры по диску Солнца и установление наличия атмосферы Венеры – Ломоносов М. В. с сотрудниками (Россия); математическое обоснование решения космологических проблем количественной бесконечности космоса, качественной бесконечности структур космоса, гипотеза центрального тела каждой из структур космоса – Ламберт И. Г. (Германия).

1766 г. – установление числовой закономерности, или эмпирического правила между расстояниями от Солнца до планет – Тициус И. Д. (Германия).

1772 г. – усовершенствование вычислений расстояний от Солнца до планет, используя эмпирическое правило, предложенное И. Д. Тициусом; гипотеза о нахождении неизвестной планеты между орбитами Марса и Юпитера, обнаруженная в 1781 г. В. (У.) Гершелем и названная по предложению И. Боде Ураном – Боде И. Э. (Германия).

1774 г. – первое издание каталога туманностей и звёздных скоплений, содержащее 45 объектов космоса – Мессье Ш. (Франция).

1781 г. – обнаружение в телескоп собственного изготовления неизвестного объекта (кометы, по мнению первооткрывателя), идентифицированного астрономами в качестве планеты и названной Ураном немецким астрономом И. Боде – Гершель У. (В.) (Великобритания).

1783 г. – открытие движения Солнечной системы в космическом пространстве к звёзде λ Геркулеса – Гершель У.(В.) (Великобритания); описание тёмной звезды с силой тяготения, препятствующей оттоку света с её поверхности – Мичел Дж. (Великобритания).

1796 г. – гипотеза происхождения Солнечной системы из вещества туманности, обоснованная в статье «Изложение системы мира» – Лаплас П. С. (Франция).

1798 г. – доказательство устойчивости Вселенной, теория естественного происхождения небесных тел, теория возмущений планет, «уравнение Лапласа», решения задачи «трёх тел», небулярная гипотеза и другие результаты по небесной механике, изложенные в 5-томной монографии «Небесная механика», или «Трактат о небесной механике», опубликованном с 1798 г. по 1825 г. – Лаплас П. С. (Франция).

1801 г. – открытие первой малой планеты Цереры – Пиацци Дж. (Италия).

1809 г. – метод вычисления эллиптических орбит планет по трём наблюдениям и иные исследования по астрономии и математике, изложенные в книге «Теория движения небесных тел, обращающихся вокруг Солнца по коническим орбитам» – Гаусс К. Ф. (Германия).

1814 г. – обнаружение посредством созданной ученым спектроскопической установки 574 тёмных линий в спектре Солнца, линий в спектрах Венеры, Луны и некоторых звёзд; описание и обозначение спектральных линий Солнца, названных фраунгоферовскими линиями Г. Кирхгофом в 1859 г. – Фраунгофер И. (Германия).

1827 г. – систематизация в книге «Новый каталог» наблюдений и открытий 3110 двойных и кратных звёзд – Струве В. Я. (Россия).

1834 г. – первое систематическое наблюдение и описание галактики Большое Магелланово Облако – Гершель Дж. (Великобритания).

1837 г. – первое определение параллакса звезды Вега – явления видимого изменения положения небесного светила по причине перемещения наблюдателя – Струве В. Я. (Россия).

1838 г. – первое измерение параллакса звезды 61 Лебедь – Бессель Ф.В. (Германия).

1845 г. – открытие спиральной структуры внегалактических туманностей – Парсонс У. (граф Росс) (Великобритания).

1846 – вычисление орбиты и положения новой планеты Солнечной системы, названной Нептуном и открытой в этом же году И. Г. Галле, используя математические расчёты У. Леверье – Леверье У. (Франция), Адамс Дж. (Великобритания).

1857 г. – создание каталога точных положений 3 735 околополюсных звёзд – Кэррингтон Р. К. (Великобритания).

1856 г. – обоснование логарифмической шкалы звёздных величин – Погсон Н. (Великобритания).

1859 г. – наблюдение вспышек на Солнце – Кэррингтон Р. К. (Великобритания); объяснение линий спектра Солнца, открытых Й. Фраунгофером и проверенных в новых экспериментах, спецификой химического состава солнечной атмосферы, изложенное в статье «О фраунгоферовых линиях»; создание астрофизики – Кирхгоф Г. Р. (Германия).

1877 г. – обнаружение на Марсе линий, названных «каналами» – Скиапарелли Дж. В. (Италия); открытие спутников Марса – Холл А. (США).

1895 г. – формулировка гравитационного парадокса в познании бесконечности Вселенной – Зеелигер Х. (Германия).

1888 г. – создание каталога туманностей и звёздных величин, названный «Новый генеральный каталог», или NGC – Дрейер И. (Дания).

1889 г. – первые фотографии Млечного Пути – Барнард Э. (США).

1895 г. – создание каталога туманностей, названный «Индекс каталога туманностей», дополняющий каталог NGC – Дрейер И. (Дания).

1900 г. – составление большого каталога 455 тысячи звёзд Южного полушария – Каптейн Я. К. (Нидерланды).

1902 г. – исследование гравитационной неустойчивости вещества, объяснение происхождение галактик, звёзд и их скоплений, установление критерия гравитационной неустойчивости – Джинс Дж. Х. (Великобритания).

1906 г. – теория лучистого равновесия звёздных атмосфер – Шварцшильд К. (Германия).

1907 – обоснование в статье «К изучению звёзд» классификации звёзд на гиганты и карлики по критерию резкие отличия их светимости – Герцшпрунг Э. (Дания);

1908 г. – открытие магнитного поля солнечных пятен – Хейл Дж. Э. (США);

1910 г. – создание фундаментальной системы положений и собственных движений 6188 звёзд в форме каталога звёзд – Босс Л. (Германия).

1910-1912 г г. – первые измерения красных смещений в спектрах галактик – Слайфер В. (США).

1912 г. – составление каталога фотографических величин более 300 звёзд и иные результаты, изложенные в книге «Гёттингенская актинометрия» – Шварцшильд К. (Германия); определение периодов обращения планет – Венера, Марс, Юпитер, Сатурн, Уран – методом эффекта Доплера – Слайфер В. (США).

1914 г. – систематизация результатов исследований по выявлению связи между светимостью и спектральным классом звезды – Герцшпрунг Э. (Дания), Ресселл Г. Н. (США).

1915 г. – определение гравитационного радиуса сжатия тела до уровня коллапсара – Шварцшильд К. (Германия); открытие ближайшей к Земле после Солнца звезды, названной Проксима Центавра – Иннес Р. (Великобритания).

1916 г. – полная система уравнений теории внутреннего строения звёзд – Эддингтон А. С. (Великобритания).

1917 г. – математическая космологическая модель статического и замнутого однородного и изотропного пространства Вселенной, или модель статичной Вселенной – Эйнштейн А. (Швейцария), Сеттер В. де (Нидерланды); космологическая модель расширяющейся по экспоненциальному закону однородной изотропной и лишённой вещества Вселенной – Сеттер В. де (Нидерланды).

1920 г. – первое измерение диаметра далекой звезды Бетельгейзе, используя возможности интерферометра – Майкельсон А. А. (США); гипотеза объяснения энергии звёзд термоядерными реакциями синтеза гелия из водорода – Эддингтон А. С. (Великобритания); открытие красного смещения в спектре галактик, объясняемое удалением их с огромной скоростью – Слайфер В. (США); определение строения галактики Млечный Путь – Вольф М. (Германия); формулировка формулы Саха, связывающей ионизацию газов с температурой звёздной атмосферы и важной для объяснения эволюции звёзд – Саха М. (Индия).

1922 г. – нестационарные решения гравитационных уравнений; математические космологические модели нестационарной расширяющейся Вселенной, изложенные в статьях «О кривизне пространства», «О возможности мира с постоянной отрицательной кривизной пространства» – Фридман А.А. (Россия); основы внегалактической астрономии, изложенные в статье «Общее исследование диффузных галактических туманностей» – Хаббл Э.П. (США).

1923 г. – изложение в книге «Мир как пространство и время» космологических моделей нестационарной расширяющейся Вселенной, идеи о наличии условной точки начала Вселенной и точки её сжатия – Фридман А.А. (Россия); определение статуса туманности Андромеды в качестве самостоятельной галактики, обоснование идеи об автономности галактик Вселенной независимо от галактики Млечный Путь – Хаббл Э.П. (США).

1924 г. – обнаружение переменных звёзд, или цеферид в пределах туманности Андромеды; доказательство галактического статуса Туманности Андромеды, ее аналогичности нашей галактике Млечный Путь, определение расстояния до нее показателем около 1 млн световых лет, первая классификация галактик – Хаббл Э.П. (США); вычисления зависимости светимости стационарных звёзд от их массы – Эддингтон А.С. (Великобритания).

1925 г. – концепция вращения Галактики, в составе которой ее подсистемы вращаются по своеобразным траекториям и специфически участвуют в целостном процессе изменений галактики Млечный Путь – Линдблад Б. (Швеция).

1926 г. – исследование строения и энергетики звёзд класса белых карликов – Фаулер У.А. (США).

1927 г. – эволюционная космологическая модель Вселенной, или теория Большого Взрыва – Леметр Ж. (Бельгия); доказательство гипотезы специфики вращения галактики Млечный Путь – Оорт Я. Х. (Нидерланды).

1928 г. – метод изучения вращения звёзд – Шайн Г. А. (СССР), Струве О. (США).

1929 г. – установление методом спектроскопии зависимости между скоростями 24 галактик и расстоянием до них, используемое для доказательства гипотезы и теории расширения Вселенной; закон Хаббла: скорость удаления, или разбегания галактик между собой возрастает примерно на 30 км/с на каждый миллион световых лет расстояния от наблюдателя на Земле, или закон пропорциональности между скоростью удаления галактик и расстоянием до них; установление соотношения «красное смещение–расстояние», действующее до расстояния около 250 млн световых лет – Хаббл Э. П. (США); изложение в статье «Связь между расстоянием и лучевой скоростью внегалактических туманностей» концепции расширяющейся Вселенной – Хаббл Э. П. (США).

1931 г. – вычисчление параметров существования и эволюции звёзд, или вычисление предела массы белого карлика, который не может превы-шать 1,4 массы Солнца, названный пределом Чандрасекара – Чандрасекар С. (Индия, США).

1932 г. – открытие максимальной интенсивности радиоволнового космического излучения из центра Галактики, оцененное специалистами как начало научной радиоастрономии – Янский К., или Янски К.(США).

1933 г. – начало исследований по проблеме скрытой, или темной материи во Вселенной после установления противоречий в галактической астрофизике: для объяснения наблюдаемых скоростей галактик в богатых скоплениях галактик необходимы массы, в десятки раз превышающие массы наблюдаемых галактик – Цвикки Ф. (Швейцария); изложение в книге «Расширяющаяся Вселенная» гипотезы возникновения Вселенной из первичного атома по аналогии с радиоактивным распадом, гипотезы расширения Вселенной и иных обобщений по проблемам космологии – Леметр Ж. Э. (Бельгия).

1934 г. – гипотеза продолжения коллапсирования звезды и превращения её в нейтронную звёзду для класса звёзд с массой превышающей предел Чандрасекара, равный 1,4 массы Солнца – Цвикки Ф. (Швейцария), Бааде В. (Германия).

1936 г. – разработка параметров и самостоятельное изготовление десятиметрового радиотелескопа-рефлектора – Ребер Г. (США).

1938 г. – обнаружение в межзвёздной среде ионизированного водорода – Струве О. (США).

1938-1939 гг. – основы теории термоядерных реакций в звездах как источников энергии звёзд – Х. Бете, К. Вайцзеккер (все – Германия).

1939 г. – открытие зон активированного водорода вокруг горячих звёзд, или оболочки светящегося газа возле звезды-гиганта, названную сферой Стрёмгрена – Б. Стрёмгрен (Дания).

1942 г. – определение точного расстояния до Солнца, равное 1 астрономиче-скоё единице – Джинс Дж. Х. (Великобритания).

1943 г. – описание галактик с активными ядрами, названных сейфертовскими галактиками – Сейферт К. К. (США).

1944 г. – создание первой радиокарты небесной сферы – Ребер Г. (США); пла-нетизимальная теория происхождения Солнечной системы из твёрдых частиц – Вейцзаккер фон К. (Германия).

1946 г. – гипотеза «горячей» Вселенной – Гамов Г. А. (США); первое измерение радиоизлучения от Луны на волне 1,25 см посредством изобретенного автором радиометра – Дикке Р. (США); открытие первой радиогалактики Лебедь А. – Райл М. (Великобритания).

1948 г. – создание космологической модели стационарной устойчивой Вселенной на основе идеального космологического принципа о бесконечности и безграничности Вселенной в пространстве и времени в условиях постоянной неизменности, или теория устойчивой Вселенной – Бонди Х (Г.)., Голд Т., Хойл Ф. (все – Великобритания); теория альфа-бета-гамма, объясняющая происхождение многообразия современных химических элементов процессами ядерного синтеза после Большого Взрыва – Алфер Р., Гамов Г.А. (все – США), Бете Г. (Германия); обнаружение магнитного поля Солнца – Бэбкок Хорос, Бэбкок Харольд (все – США).

1949 г. – открытие астероида Икар, имеющего наименьшую орбиту из известных орбит астероидов – Бааде В. (США); гипотеза состава ядер комет изо льда и пыли – Уиппл Ф. (США).

1950 г. – гипотеза происхождения длиннопериодических комет из облаков межзвёздного вещества – Оорт Я.Х. (Нидерланды).

1951 г. – гипотеза происхождения короткопериодических комет с периодом обращения менее 20 лет из вещества пояса астероидов, названного поясом Кэйпера, или Койпера – Кэйпер Г., или Койпер Г. (США); открытие спиральных рукавов у галактики Млечный Путь – Морган В. (США).

1952 г. – создание метода интерферометрии в радиоастрофизике – использование систем антенн, расположенных на значительных расстояниях друг от друга и присоединенных к одному приемнику для повышения апетурных свойств радиотелескопов – Райл М. (Великобритания).

1953 г. – открытие сверхскопления галактик – Нейман Е. (США).

1956 г. – создание фотоэлектрической системы звёздных величин, принятой в 1955 г. за основу для измерения блеска звёзд – Джонсон Г., Морган У., Хэррис Д. (все – США).

1957 г. – проведение наблюдений коротковолнового излучения и иных характеристик движения искусственных объектов на орбите Земли в период функционирования с 4 октября 1957 г. первого в истории человечества беспилотного космического летательного аппарата искусственного спутника Земли (БКЛА ИСЗ) класса ПС «Спутник 1» – специалисты СССР; первый в истории человечества биологический эксперимент в космическом пространстве, исследования физических характеристик околоземного космоса, проведённые в период функционирования БКЛА ИСЗ класса «Спутник 2» – специалисты СССР; основы теории синтеза химических элементов в звездах – Фаулер У., Бербедж Дж., Бербедж М. (все – США), Хойл Ф. (Великобритания).

1958 г. – проведение геофизических исследований на орбите Земли в период функционирования БКЛА ИСЗ класса «Спутник 3» – специалисты СССР; окрытие явления солнечного ветра – Паркер Ю. (США); открытие радиационных поясов на основе данных приборов первого в США БКЛА ИСЗ класса «Экплорер 1», выведенного на орбиту Земли 31 января 1958 г. – Аллен ван Дж. (США); составление карты радиационных поясов Земли на основе данных приборов БКЛА ИСЗ класса «Эксплорер 3» – специалисты США.

1959 г. – начало экспериментов в окресности Луны в период пролёта беспилотного автоматического космического летательного аппарата (БКЛА АМС-зонд) класса «Луна 1» на расстоянии около 6000 км от поверхности Луны; запуск первого искусственного сателлита Солнца, так как БКЛА АМС-зонд «Луна 1» по законам притяжения Солнца стал её первым обращающимся искусственным телом – специалисты СССР; первая жёстская посадка БКЛА АМС-зонд класса «Луна 2» на поверхность Луны в районе моря Ясности вблизи Кратера Архимед – специалисты СССР; первый облёт Луны и первые фотосъемки её обратной стороны, осуществлённые БКЛА АМС-зонд класса «Луна 3» – специалисты СССР; регистрация магнитного поля Земли и солнечного ветра приборами БКЛА ИСЗ класса «Эксплорер 7» – специалисты США.

1960 г. – открытие первой внесолнечной планеты, вращающейся по орбите вокруг звезды Леланд 21185 – ван де Камп П. (Нидерланды, США).

1961 г. – первое в истории науки исследование условий пребывания человека в космосе во время полёта пилотируемого КЛА (ПКЛА) класса «Восток 1» – космонавт Гагарин Ю.А., специалисты СССР; первое в истории науки радиолокационное исследование Венеры с расстояния в 100 тыс. км во время пролёта БКЛА АМС-зонд класса «Венера 1» – специалисты СССР; составление карты магнитного поля Земли на основе данных приборов БКЛА ИСЗ класса «Эксплорер 10» – специалисты США; первое исследование микрометеоритной эрозии на основе данных приборов БКЛА ИСЗ класса «Эксплорер 13» – специалисты США.

1962 г. – первое измерение температуры поверхности Венеры приборами беспилотного БКЛА АМС-зонд класса «Маринер 2» во время облёта этой планеты на расстоянии 34827 км – специалисты США; первый полёт к Марсу БКЛА АМС-зонд класса «Марс 1» – специалисты СССР.

1963 г. – открытие первого квазара 3С 273, идентифицированного позднее как объект неизвестного ранее класса галактик – Шмидт М. (Нидерланды, США).

1964 г. – получение около 4 тысяч фотографий Луны и космического пространства с высоким разрешением во время полёта БКЛА АМС-зонд класса «Рэйнджер 7» – специалисты США.

1965 г. – измерения фонового радиоизлучения в различных точках небесной сферы и открытие реликтового радиоизлучения – Вильсон Р. В., Пензиас А. А. (все – США); теоретическое обоснование космологической модели «Большой взрыв» – Дикке Р., Пиблз Дж. (все – США); доказательство существования сингулярностей во Вселенной – Пенроуз Р., Хокинг С. У. (все – Великобритания); первые снимки Марса во время облёта этой планеты на расстоянии 9600 км БКЛА АМС-зонд класса «Маринер 4» – специалисты США; первые телевизионные изображения поверхности Луны приборами БКЛА АМС-зонд класса «Рэйнджер 8» – специалисты США.

1966 г. – первые панорамные снимки реальной поверхности Луны приборами БКЛА АМС-зонд «Луна 9» после его исторически первой мягкой посадки на поверхность Луны в районе Океана Бурь – специалисты СССР; исследование Луны приборами БКЛА АМС-зонд «Луна 10», впервые выведенного на окололунную орбиту – специалисты СССР; первые исследования физических и химических свойств лунного грунта, передача пяти панорам лунной поверхности приборами БКЛА АМС-зонд «Луна 13» после его мягкой посадки на поверхность Луны – специалисты СССР; первая жёстская посадка на поверхность Венеры БКЛА АМС-зонд класса «Венера 3» – специалисты СССР; исследования свойств Луны во время мягких посадок на поверхность Луны БКЛА АМС-зонд класса «Сервейер 5» и класса «Сервейер 6» – специалисты США; исследование Луны приборами лунных орбитальных БКЛА АМС-зонд класса «Орбитер 1» и класса «Орбитер 2» – специалисты США.

1967 г. – регистрация космических радиосигналов от объектов, названных авторами пульсарами, идентифицированными впоследствии специалистами в качестве нейтронных звёзд класса пульсары – автор открытия Джоселин Белл, истолкователи открытия – Барнел Б. Дж., Хьюиш А. и др. (все – Великобритания): открытие галактик, испускающих ультрафиолетовое излучение, названных впоследствии галактиками Маркаряна – Маркарян Б. (СССР); получение первых данных о физических параметрах и химическом составе атмосферы Венеры во время парашютного спуска БКЛА АМС-зонд класса «Венера 4» – специалисты СССР.

1968 г. – начало исследований космоса приборами БКЛА ИСЗ класса «Космос 215» – специалисты СССР; начало исследований космоса ультрафиолетовым телескопом и приборами БКЛА ИСЗ класса орбитальная астрономическая обсерватория ОАО-3, или БКЛА ИСЗ класса ОАО-3 – специалисты НАСА (США); обоснование термина «чёрная дыра» для называния гипотетических компактных космических объектов с огромной массой после гравитационного коллапса космического тела (коллапсара) – Дж. А. Уилер (США); успешный эксперимент по облёту Луны БКЛА АМС-зонд «Зонд 5» с животными на борту и последующим возвращением их на Землю в спускаемой капсуле – специалисты СССР.

1969 г. – исследование поверхности Луны астронавтами Н. Армстронгом и Э. Олдрином после посадки лунного модуля ПКЛА класса «Аполлон 11» в районе Моря Спокойствия – специалисты США; исследование поверхности Луны астронавтами А. Бином и Ч. Конрадом после посадки лунного модуля ПКЛА класса «Аполлон 12» в районе Океана Бурь – специалисты США; получение новых данных о физических параметрах и химическом составе атмосферы Венеры во время парашютного спуска БКЛА АМС-зонд класса «Венера 5» и «Венера 6» – специалисты СССР; обнаружение поляризации рентгеновского излучения Солнца, исследование распределения кислорода в верхней атмосфере Земли приборами БКЛА ИСЗ класса «Интеркосмос 1» – специалисты ГДР, СССР, ЧССР.

1970 г. – получение новых данных о физических параметрах и химическом составе ночной стороны поверхности Венеры приборами спускаемого аппарата БКЛА АМС-зонд класса «Венера 7» – специалисты СССР; исследования поверхности Луны в области Моря Дождей приборами самоходной лаборатории класса «Луноход 1», доставленной после мягкой посадки БКЛА АМС-зонд класса «Луна 17» – специалисты СССР; исследования поверхности Луны в районе Моря Изобилия, отбор 105 граммов образцов лунного грунта приборами БКЛА АМС-зонд класса «Луна 16» с последующим стартом с борта «Луна 16» космической ракеты, доставившей пробы грунта в заданное место – специалисты СССР.

1971 г. – исследование Марса с орбиты его искусственного спутника, доставка на поверхность Марса вымпела с изображением Герба СССР, осуществлённые с БКЛА АМС-зонд класса «Марс 2» – специалисты СССР; исследование Марса с орбиты его искусственного спутника, мягкая посадка на поверхность Марса, передача видеосигнала в течение 20 секунд, осуществлённые с БКЛА АМС-зонд класса «Марс 3» – специалисты СССР; начало исследований космоса приборами первой БКЛА земная орбитальная космическая станция класса «Салют 1», или БКЛА ЗОКС класса «Салют 1» – специалисты СССР; исследование Марса с орбиты приборами БКЛА АМС-зонд класса «Маринер 9» – специалисты США; исследование поверхности Луны астронавтами А. Шепардом и Э. Митчелом после посадки лунного модуля ПКЛА класса «Аполлон 14» – специалисты США; исследование поверхности Луны астронавтами Д. Скоттом и Дж. Ирвином после посадки лунного модуля ПКЛА класса «Аполлон 15» в районе нагорья Хэдли – специалисты США.

1972 г. – получение новых данных о физических параметрах и химическом составе освещённой стороны поверхности Венеры приборами спускаемого аппарата БКЛА АМС-зонд класса «Венера 8», совершившего первую мягкую посадку на поверхность планеты – специалисты СССР; исследования поверхности Луны в области между Морем Изобилия и Морем Кризисов, отбор образцов лунного грунта приборами БКЛА АМС-зонд класса «Луна 20» с последующим стартом с борта «Луна 20» космической ракеты, доставившей пробы грунта в заданное место – специалисты СССР; исследование поверхности Луны астронавтами Дж. Янгом и Ч. Дюком после посадки лунного модуля ПКЛА класса «Аполлон 16» в районе Декарта – специалисты США; исследование поверхности Луны астронавтами Ю. Кернаном и Д. Шмидтом после посадки лунного модуля ПКЛА класса «Аполлон 17» в районе Хребта Таурус – специалисты США.

1973 г. – фотографирование Марса приборами БКЛА АМС-зонд классов «Марс 4» и «Марс 5» – специалисты СССР; исследования поверхности Луны в районе Кратера Лемонье в Море Ясности приборами самоходной лаборатории класса «Луноход 2», доставленной после мягкой посадки БКЛА АМС-зонд класса «Луна 21» – специалисты СССР; первое исследование Юпитера, получение первых 300 снимков планеты во время пролёта на расстоянии 130 тыс. км от его поверхности приборами БКЛА АМС-зонд класса «Пионер 10» – специалисты США.

1974 г. – исследование Меркурия во время пролёта БКЛА АМС-зонд класса «Маринер 10» на расстояниях 703 км и 48069 км от поверхности планеты – специалисты США.

1975 г. – получение новой информации о свойствах атмосферы и поверхности Венеры приборами спускаемых аппаратов БКЛА АМС-зонд классов «Венера 9» и «Венера 10», первые телевизионные изображения участков поверхности планеты – специалисты СССР; начало исследований гамма-лучей с выведенного на земную орбиту БКЛА ИСЗ класса «COS B» – специалисты США; наиболее полное исследование Меркурия во время пролёта БКЛА АМС-зонд класса «Маринер 10» на расстояниях 327 км от поверхности планеты – специалисты США.

1976 г. – исследования поверхности Луны в области Моря Кризисов, отбор образцов лунного грунта с глубины бурения в 2 м приборами БКЛА АМС-зонд класса «Луна 24» с последующим стартом с борта «Луна 24» космической ракеты, доставившей пробы грунта в заданное место – специалисты СССР; исследование Марса на его орбите приборами БКЛА АМС-зонд класса «Викинг 1», снимки поверхности и химические пробы приборами спускаемого аппарата «Викинг 1» – специалисты США.

1978 г. – эксперименты по изучению гамма- и рентгеновского излучения Солнца и Галактики, тонкий химический анализ атмосферы и поверхности Венеры, проведённые во время мягких посадок БКЛА АМС-зонд классов «Венера 11» и «Венера 12» на расстоянии 800 км между собой – специалисты СССР; первые теоретические публикации о характеристиках вероятных кварковых звёзд – Р. Джосс (Великобритания), В. Фехнер (ФРГ); первое исследование кометы БКЛА АМС-зонд класса ISE (ISEE) во время пролёта возле кометы Джакобини-Зиннера на расстоянии 7862 км – специалисты США.

1979 г. – первое исследование и передача изображений Сатурна, открытие у Сатурна 11 сателлитов (лун), осуществлённое во время пролёта БКЛА АМС-зонд класса «Пионер 11» на расстоянии 20900 км от поверхности планеты – специалисты США; фотографирование естественных сателлитов (лун) Юпитера, открытие нечёткой системы колец вокруг Юпитера во время пролётов БКЛА АМС-зонд классов «Вояджер 1» и «Вояджер 2» – специалисты США.

1981 г. – изображения Сатурна с близкого расстояния, осуществлённые во вре-мя пролёта БКЛА АМС-зонд класса «Вояджер 2» – специалисты США; начало систематических исследований космоса по программе МТКС «Спейс Шаттл» –многоразовая транспортная космическая система «Спейс Шаттл», или «Космический челнок», выведение на земную орбиту первого ПКЛА ЗОКС многоразового использования класса «Колумбия» по программе МТКС «Спейс Шаттл» – специалисты США.

1982 г. – первые цветные панорамы районов посадки, бурение грунта и его анализ, наблюдение гроз на Венере, проведённые во время работы спускаемых аппаратов БКЛА АМС-зонд классов «Венера 13» и «Венера 14» – специалисты СССР.

1983 г. – исследование с орбит искусственных сателлитов Венеры ионосферы и околопланетной плазмы, картографирование поверхности планеты, радиолокационное зондирование, стереоскопическая съёмка отдельных участков Венеры, проведённые во время работы БКЛА АМС-зонд классов «Венера 15» и «Венера 16» – специалисты СССР; продолжение полёта БКЛА АМС-зонд «Пионер 10» за пределы гравитационного влияния планет-гигантов Солнечной системы – специалисты США.

1985 г. – исследование атмосферы Венеры, бурение и химический анализ проб грунта Венеры, осуществлённые с аэростатных зондов и посадочного аппарата, доставленных в окресности и на поверхность Венеры во время работы БКЛА АМС-зонд классов «Вега 1» и «Вега 2» – специалисты СССР.

1986 г. – первое исследование Урана приборами искусственного сателлита, открытие нескольких тел – лун на орбитах у планеты Уран после анализа данных, поступивших БКЛА АМС-зонд класса «Вояджер 2», пролетевшего на расстоянии 71000 км от этой планеты – специалисты НАСА (США); исследование ядра кометы Галлея, в том числе: изучение плотности частиц и компонентов нейтрального газа, проведение инфракрасных измерений, телевизионные съёмки, проведённые во время работы БКЛА АМС-зонд классов «Вега 1» и «Вега 2», пролетевших на удалении 8900 и 8300 км от ядра кометы Галлея – специалисты СССР; исследование ядра кометы Галлея во время пролёта БКЛА АМС-зонд класса «Джотто» на расстоянии 606 км от ядра кометы – специалисты Европейского космического агенства (ЕКА).

1987 г. – обнаружение и наблюдение вспышки сверхновой SN 1987A – астрономы государств человечества.

1989 г. – начало астрометрических исследований с применением приборов на выведенном на околоземную орбиту искусственного сателлита «Гиппаркос», или «Гиппарх», или «Сателлит сбора высокоточных параллаксов» – специалисты Европейского космического агенства; первое исследование Нептуна, открытие системы колец и шести лун на орбитах у планеты Нептун после анализа данных, поступивших с БКЛА АМС-зонд класса «Вояджер 2», пролетевшего возле этой планеты на расстоянии 5016 км – специалисты НАСА (США).

1990 г. – выведение с космического корабля многоразового использования «Дискавери» класса «Шаттл» на круговую орбиту Земли первой околоземной оптической обсерватории STH, или Космический телескоп имени Хаббла, БКЛА ОКО класса «Хаббл» – специалисты НАСА США; составление карты поверхности Венеры по показаниям радара БКЛА АМС-зонд класса «Магеллан», работавшего на орбите Венеры как её искусственный сателлит – специалисты НАСА США; первый снимок планеты Земля приборами БКЛА АМС-зонд класса «Вояджер-1» с расстояния в 6 млрд. км, или 40 астрономических единиц от Земли – специалисты НАСА США.

1991 г. – первые исследования и снимки астероидов во время пролёта БКЛА АМС-зонд класса «Галилей» на расстоянии 1605 км от группы астероидов Гаспры – специалисты НАСА (США).

1991-1993 гг.– открытие в космических экспериментах «Реликт-1» (СССР), СОВЕ (США) флуктуаций реликтового излучения Вселенной в угловых масштабах около 10 градусов – специалисты СССР, специалисты США.

1992 г. – открытие за орбитой Плутона «пояса Койпера» – пространства, заполненного мелкими космическими телами, в основном, кометами – Д. Джуит (США), Д. Луу (Германия); систематизация в книге «Атлас планет земной группы и их спутников» новейших исследований по планетной астрофизике – Родионова Ж. Ф. (Россия); регистрация приборами БКЛА АМС ИСЗ класса СОВЕ колебаний остаточной космической радиации, оценённая специалистами доказательством космологической концепции Большого Взрыва – специалисты НАСА (США).

1993 г. – исследования и снимки астероидов во время пролёта БКЛА АМС-зонд класса «Галилей» через пояс группы астероидов Иды – специалисты НАСА (США).

1994 г. – составление карты Луны на основе обобщения работы БКЛА АМС-зонд класса «Клементайн», выведенного на орбиту Луны – специалисты НАСА (США).

1995 – исторически первый выход на орбиту Юпитера БКЛА АМС–зонд класса «Галилей», проведение исследований планеты, запуск исследовательской капсулы в атмосферу Юпитера – специалисты НАСА (США); опубликование каталога Колдуэлла, дополняющего каталог Мессье, информирующего о характеристиках наиболее значительных объектах Вселенной – Мур П. (Великобритания); выведение на околоземную сильно вытянутую орбиту БКЛА ОСЗ класса космическая обсерватория ISO для познания инфракрасного излучения – специалисты Франции; выведение на околоземную орбиту БКЛА АМС ОСЗ класса рентгеновский телескоп XTE для исследования рентгеновского излучения космоса Солнечной системы и космоса галактик – специалисты США; доказательство существования пояса Эджворта-Койпера после анализа снимков, полученных приборами БКЛА ОСЗ класса космический оптический телескоп «Хаббл» – специалисты НАСА (США).

1996 г. – открытие первой из семи одиночных радиотихих нейтронных звёзд во Вселенной после обобщения результатов космических наблюдений приборами БКЛА ОСЗ класса ROSAT – группа Волтера Ф. (США).

1997 г. – открытие звезды с яркостью, превышающей яркость Солнца в 10 млн. раз после обобщения результатов космических наблюдений приборами БКЛА ОСЗ класса космический оптический телескоп «Хаббл» – специалисты НАСА (США); исследование Марса на его орбите приборами БКЛА АМС-зонд класса «Марс Патфайндер», снимки поверхности и химические пробы приборами самоходного аппарата «Соджорнер», доставленного на поверхность планеты с БКЛА АМС-зонд «Марс Патфайндер» – специалисты США.

1997-2002 гг.– проведение на 3,9-метровом телескопе спектроскопического обзора 2dF с получением красных смещений более 220 тыс. галактик с расстояниями до них 500 Мпс – специалисты Великобритании и Австралии, международное сотрудничество.

1998 г. – открытие спиральной структуры карликовых галактик – К. Джерджен (Австралия); открытие ускорения космологического расширения Вселенной, ставшее основой гипотезы антитяготения, реализуемого тёмной энергией, уточнение формы хаббловских зависимостей между красным смещением спектра и расстоянием по блеску далёких сверхновых звёзд типа SNIa – группа астрономов США под руководством Б. Шмидт, А. Райес, С. Перлмуттера; обнаружение на Луне запасов водного льда, рассеяние в космосе пепла тела умершего на Земле астронома Юджина Шумейкера, осуществлённые во время полёта БКЛА АМС-зонд «Луна Проспектор» – специалисты НАСА (США).

2000 г. – первые исследования астероида Эрот приборами БКЛА АМС-зонд класса NEAR, вышедшего на орбиту этого астероида – специалисты НАСА (США); открытие новой галактики POX 186, начавшей формироваться 100 млн. лет назад – Корбин М. (США), Вакк В. (Германия); открытие трёх новых спутников планеты Нептун – группа астрономов из Канады и США.

2000-2003 гг.– самые глубокие снимки космоса (неба), полученные с применением БКЛА ИСЗ класса космический телескоп «Хаббл» – специалисты США.

2000-2006 гг.– измерение углового спектра флуктуаций реликтового микроволнового излучения Вселенной в экспериментах BOOMERaNG, DASI, MAKXIMA, WMAP – специалисты США, международное сотрудничество.

2001 г. – первые исследования поверхности астероида Эрот приборами БКЛА АМС–зонд класса NEAR, совершившего посадку на этот астероид – специалисты НАСА (США); изображение с помощью телескопов Hubble и Keck неизвестной галактики, находящейся на расстоянии 13,4 световых лет от Земли – международная группа ученых, работающих в США; открытие ближайшей к Земле нейтронной, или странной звезды – группа Ф. Волтера (США).

2003 г. – исследование методом компьютерного моделирования солнечной ак-тивности до 850 г. – И. Усоскин (Финляндия), группа физиков ин-та Макса Планка (ФРГ); наблюдение за гамма-излучением взрыва гигантской звезды, произошедшее 2 млн. лет назад и достигшее планеты Земля 24 марта 2003 г. – группа Акерлоф К. (Международный проект ROTSE); составление карты Вселенной – группа астрофизиков НАСА (США); создание самого чёрного покрова для телескопов, отражающем в 10-20 раз меньше света, чем существующие материалы – группа ученых Национальной физической лаборатории (Великобритания); установление корреляции между содержанием железа в звёзде и планетообразованием вокруг неё – Валенти Дж., Фишер Д. (все – США); открытие нового астероида, вращающегося вокруг Солнца по орбите, совпадающей с орбитой обращения Земли – Ходес П. (США).

2004 г. – наблюдение поглощения звезды размером с Солнце «черной дырой» имеющей параметры 100 млн. масс Солнца и находящейся на расстоянии 700 млн световых лет от Земли – специалисты НАСА (США) и ин-та Макса Планка (Германия); информация об открытии 10-й планеты Солнечной системы, названной Седна, с параметрами 2 км в диаметре на расстоянии 3 млрд. км от Солнца – специалисты НАСА (США); первая в истории науки фотография планеты (экзопланеты) за пределами Солнечной системы – группа Г. Шовен (Чили, международное сотрудничество).

2005 г. – открытие беззвёздной галактики в созвёздии галактик Вирго, состоящей из «тёмной энергии» и находящейся на расстоянии 50 млн. световых лет от Земли – группа Р. Минчина (Великобритания); определение предела массы звезды величиной не более 150 масс Солнца – Д. Фиджер (США), Ф. Нахарра (Испания); открытие на ледяной поверхности естественного сателлита Сатурна Титана углеводородных морей и озёр с применением приборов космического спускаемого аппарата «Зонд Гюйгенс», доставленного на его поверхность с БКЛА АМС-зонд класса «Кассини», выведенной на орбиту Сатурна – специалисты НАСА США, Европейского космического агенства (ESA), Итальянского космического агенства (ISA).

2006 г. – запуск беспилотного космического летательного аппарата автоматическая межпланетная станция-зонд «Новые горизонты» (англ. New Horizons) по программе «New Frontiers» изучения карликовой планеты Плутон и его естественного сателлита Харона с пролётом у Юпитера в 2007 г., прибытием к Плутону в 2015 г. и осуществлением функционирования (полная миссия) в течение15-17 лет – специалисты НАСА США.

2007 г. – открытие на поверхности естественного сателлита Сатурна Энцелада ледяных гейзеров с применением приборов БКЛА АМС-зонд класса «Кассини», выведенной на орбиту Сатурна в 2005 г. – специалисты НАСА США, ESA, ISA.

2008 г. – исследование Луны приборами БКЛА АМС-зонд класса «Chandrayaan-1», выведенного на селеноцентрическую орбиту, и модуля, упавшего на поверхность Луны – специалисты Индии; изучение космических источников гамма-излучения, в том числе, активные ядра галактик, чёрные дыры, нейтронные звезды, пульсары, тёмная материя – гамма-телескопом GLAST («Fermi») после выхода на околоземную орбиту – специалисты НАСА США.

2009 г. – начало поиска экзопланет с гелиоцентрической орбиты БКЛА земная орбитальная обсерватория класса «Кеплер» (Kepler) – специалисты НАСА США; начало изучение космического микроволнового излучения и реликтового излучения от состояния «Большой Взрыв» приборами БКЛА земная орбитальная обсерватория класса «Планк» (Planck) – специалисты Европейского космического агенства (ESA); начало изучения Вселенной в диапазоне инфракрасного и субмиллиметрового диапазонов приборами, в том числе самым большим зеркальным космическим телескопом, размещённых на БКЛА земная орбитальная обсерватория класса «Гершель» (Herschel) – специалисты Европейского космического агенства (ESA); начало изучения облаков космической пыли, коричневых карликов и астероидов приборами и инфракрасным телескопом БКЛА земная орбитальная обсерватория класса «WISE», или Широкоугольный инфракрасный телескоп (Wide-field Infrared Survey Explorer) – специалисты НАСА США.

2010 г. – доставка капсулой БКЛА АМС-зонд класса «Hayabusa» на поверхность Земли вещества астероида (25143) Itokawa для исследований – специалисты Японии.

2011 г. – определение местонахождения БКЛА АМС-зонд класса «Вояджер-1» в регионе «стагнация» – на рубеже межзвёздного пространства Солнечной системы на расстоянии 119 астрономических единиц, или 17,8 млрд. км от Солнца – специалисты НАСА США; начало исследований планеты Меркурий приборами БКЛА АМС-зонд класса «MESSENGER» после выведения его на орбиту Меркурия в качестве искусственного сателлита – специалисты НАСА США; начало исследований астероида Веста из Главного астероидного пояса приборами БКЛА АМС-зонд класса «Dawn» («Доун») после его выведения на орбиту астероида Веста – специалисты НАСА США; фотографирование ядра кометы Темпеля приборами БКЛА АМС-зонд класса «Stardust-NEXT» по пролётной траектории – специалисты НАСА США.

2012 г. – определение местонахождения БКЛА АМС-зонд класса «Вояджер-1» по состоянию на начало октября 2012 г. в межзвёздном пространстве за пределами Солнечной планетной системы на расстоянии 123 астрономические единицы, или 18, 4 млрд км от Солнца – специалисты НАСА США; начало исследований поверхности Марса приборами совершенного в истории человечества ровера (марсохода) Curiosity («««Кьриосити», или «Любопытство») – специалисты НАСА США; исследование в течение года лунной гравитации приборами БКЛА АМС-зонд класса «GRAIL-A» (Gravity Recovery and Interior Laboratory), переименованного в «Эбб» («Ebb», «отлив») и класса «GRAIL-B», названного «Флоу» («Flow», «прилив») – специалисты НАСА США; фотографирование приборами БКЛА АМС-зонд класса «Чанъэ-2» по пролётной траектории в 3.2 км астероида (4179) Таутатис в период сближения астероида с планетой Земля – специалисты КНР.

ПРИЛОЖЕНИЕ

АЛФАВИТЫ

РИМСКИЕ / АРАБСКИЕ ЦИФРЫ	
Римская	Арабская
I	1
II	2
III	3
IV	4
V	5
VI	6
VII	7
VIII	8
IX	9
X	10
XI	11
XIX	19
XX	20
XXX	30
XL	40
L	50

ГРЕЧЕСКИЙ АЛФАВИТ	
Буква	Название
Αα	альфа
Ββ	бета
Γγ	гамма
Δδ	дельта
Εε	эпсилон
Ζζ	дзета
Ηη	эта
Θθ	тета
Η	йота
Κκ	каппа
Λλ	ламбда
Μμ	мю
Νν	ню
Ξξ	кси
Οο	омикрон
Ππ	пи

ЛАТИНСКИЙ / АНГЛИЙСКИЙ АЛФАВИТ		
Буква	Название	
	латинское	английское
A a	а	эй
B b	бэ	би
C c	це	си
D d	дэ	ди
E e	э	и
F f	эф	эф
G g	гэ (же)	джи
H h	ха (аш)	эйтч
I i	и	ай
J j	йот (жи)	джей
K k	ка	кей
L l	эль	эль
M m	эм	эм
N n	эн	эн
O o	о	оу
P p	пэ	пи

LX	60
XC	90
C	100
CC	200
CD	400
D	500
CM	900
M	1000

Ρ	ро
Σσς	сигма
Ττ	тау
Υυ	ипсилон
Φ φ	фи
Χχ	хи
ψψ	пси
Ω ω	омега

Qq	ку	кью
R r	эр	ар
S s	эс	эс
T t	тэ	ти
U u	У	ю
V v	вэ	ви
W w	дубль-вэ	дабл-ю
X x	икс	экс
Yy	ипсилон (игрек)	уай
Z z	зэта	зед

СИМВОЛЫ ПЛАНЕТ СОЛНЕЧНОЙ СИСТЕМЫ И ЛУНЫ

название	символ	код в Юникоде	изображение
Меркурий	☿	U+263F	
Венера	♀	U+2640	
Земля	⊕	U+2295	
Земля	♁	U+2641	
Марс	♁	U+2642	
Юпитер	♃	U+2643	
Сатурн	♄	U+2644	
Уран		U+26E2	
Уран	♅	U+2645	
Нептун	♆	U+2646	
Нептун			
Первая чет-	☽	U+263D	

верть Луны			
Последняя четверть Луны	☾	U+263E	■
Полнолуние			
Новолуние			
Солнце	☉	U+2609	
комета	☄	U+2604	

ЗНАКИ ЗОДИАКА

Название	Объяснение	Символ	Код в Юникоде	Изображение
Овен	баран	♈	U+2648	■
Телец	бык	♉	U+2649	■
Близнецы	близнецы	♊	U+264A	■
Рак	рак или краб	♋	U+264B	■
Лев	лев	♌	U+264C	■
Дева	дева	♍	U+264D	■
Весы	весы	♎	U+264E	■
Скорпион	скорпион	♏	U+264F	■
Змееносец	змееносец		U+26CE	
Стрелец	лучник	♐	U+2650	■
Козерог		♑	U+2651	■
Водолей	водонос	♒	U+2652	■
Рыбы	рыбы	♓	U+2653	■

БИБЛИОГРАФИЧЕСКИЙ СПИСОК

1. Астрономия: век XXI / Ред.-сост. В.Г. Сурдин. – Фрязино: Век-2, 2011.

2. Блинов В.Ф. Растущая Земля: из планет в звёзды / В.Ф. Блинов. – М.: Едиториал УРСС, 2003.

3. Большая астрономическая энциклопедия / Отв. ред. Н. Дубенюк. – М.: ЭКСМО, 2008.

4. Большая энциклопедия: в 62 томах / Гл. ред. С.А. Кондратов. – М.: ТЕРРА, 2006. – Т.1-62.

5. Верходанов, О.В. Радиогалактики и космология /О.В. Верходанов, Ю.Н. Парийский. – М.: Физматлит, 2009.

6. Витязев, А.В. Современные представления о происхождении Солнечной системы / Современное естествознание: энциклопедия в 10 т. – Т. 9. – М.: Магистр-Пресс, 2000. – С. 16-19.

7. Голубев, В.А. Астрономия: основные понятия / В.А. Голубев, И.В. Галузо, А.А. Шимбаев. – Мн.: Аверсэв, 2005.

8. Грин, Б.Ю. Ткань космоса: пространство, время и текстура реальности / Б.Ю. Грин. – М.: УРСС, 2004.

9. Гущин, В. Н. Основы устройства космических аппаратов / В.Н. Гущин. – М.: Машиностроение, 2003.

10. Жаров, В.Е. Сферическая астрономия / В.Е. Жаров. – Фрязино: Век-2, 2006.

11. Засов, А.В. Общая астрофизика / А.В. Засов, К.А. Постнов. – Фрязино: Век-2, 2006.

12. Иванов, Н.М. Баллистика и навигация космических аппаратов: учебник / Н.М. Иванов, Л. Н. Лысенко. – М.: Дрофа, 2004.

13. Индык, В.И. Стационарная и динамическая Вселенная: новая космологическая модель / В.И. Индык. – М.: Универс. Книга, 2007.

14. Кинг, А.Р. Введение в классическую звёздную механику / А.Р. Кинг. – М.: Едиториал УРСС, 2004.

15. Китчин, К. Иллюстрированный словарь практической астрономии / К. Китчин. – М.: АСТ; Астрель, 2006.

16. Клищенко, А.П. Астрономия: учебн. пособие / А.П. Клищенко, В.И. Шупляк. – Мн.: Новое знание, 2004.

17. Ковалевский, Ж. Современная астрометрия / Ж. Ковалевский. – Фрязино: Век-2, 2006.

18. Кононович, Э.В. Общий курс астрономии: учеб. пособие / Э.В. Кононович, В.И. Мороз. – М.: УРСС, 2004.

19. Моррей, К. Динамика Солнечной системы / К. Моррей, С. Дермот. – М.: Физматлит, 2009.

20. Номенклатура специальностей научных работников / Бюллетень ВАК России. – М.: ВАК России, 2009. – № 3. – С. 1-12.

21. Попов, А.И. Американцы на Луне: великий прорыв или космическая афера? М.: Вече, 2009.

22. Романов, А.М. Занимательные вопросы по астрономии и не только / А.М. Романов. М.: МЦНМО, 2005.

23. Рыхлова, Л.В. Космический астрометрический эксперимент Озирис / Л.В. Рыхлова, К.В. Куимов. – Фрязино: Век-2, 2006.

24. Ротери, Д. Планеты / Д. Ротери. – М.: ФАИР-ПРЕСС, 2005.

25. Сажин, М.В. Современная космология в популярном изложении / М.В. Сажин. – М.: Едиториал УРСС, 2003.

26. Современные проблемы механики и физики космоса / Под ред. Е.Ю. Архарова. – М.: Физматлит, 2003.

27. Фаворский, В.В. Космонавтика и ракетно-космическая промышленность: в 2 кн. / В.В. Фаворский, И.В. Мещеряков. – М.: Машиностроение, 2003. Кн.1-2.

28. Фернисс, Т. История завоевания космоса /Т. Фернисс. – М.: Эксмо, 2007.

29. Хван, М.П. Неистовая Вселенная: от Большого взрыва до ускоренного расширения / М.П. Хван. – М.: ЛЕНАНД, 2006.

30. Янчилин, В.Л. Взрывающаяся Вселенная / В.Л. Янчилин. – М.: Новый Центр, 2006.

Интернет-ресурсы

1. Космический мир: информация о российском космосе.

2. http://www.iau.org/ – официальный сайт Международного астрономического союза.

3. http://ru.wikipedia.org/w/index.php?title=Международный астрономический союз&oldid=50470840»